シッカリ学べる!
照明系・投光系光学設計の基礎知識

牛山善太 [著]

日刊工業新聞社

はじめに

　照明系・投光系光学設計と言うと、その用途は非常に多岐に渡ります。顕微鏡、内視鏡から舞台照明、建築照明そして自動車の照明器具に至るまで非常に多岐です。ですからその全てに精通している人はほとんどいないのではないかと思います。もちろん私も、知らない照明分野がいろいろありますが、会社の規模上、なんでもこなす必要があり、半導体検査装置用、顕微鏡用からプロジェクター、テレビスタジオ照明、自動車のヘッドライト、テールライト、航空ハザード灯、医療用手術無影灯、太陽光集光器、液晶表示素子、果てはテレビのリモコンの導光板、ショッピングセンターの天井照明まで、いろいろな照明系を作ってきました。

　そこでは確かに、必要とされる精度や大きさも違いますし、使用する光学部品も異なり、モノづくりという観点からは製造を依頼する会社、ひどい場合には業種も違ってきます。しかし、光の挙動をコントロールする光学設計という観点からは、意外に同じことを繰り返しているような気がしてきました。基本はそう違わないということです。写真レンズの光学設計から出発した私が、その技術を特徴として仕事を頂き、ある程度の成果はあげてこられたわけですから、そもそも私の対応できる狭い範囲でしか仕事がきていない、という考え方も成り立ちます。ですが、上に書きましたように、これまで照明系の設計を相当広範囲に渡ってやらせていただきました。やはり存外、照明系光学設計には古典的な結像系光学設計とも共通の設計の道理があり、整理ができるのではないかという気持ちになります。伝統的な光学設計の考え方の上に、そうしたことができるものと期待していますし、そう見込めないと、いろいろな意味で私の出番はありません。

　昨年、カメラなどの伝統的な光学設計を理解していただくための本を、同じ日刊工業新聞社から出版させていただきました。やはり、照明系光学設計も基本は伝統的な光学設計理論にある、という考えの私には、流派というべきでしょうか、ちょうど良い本が存在するわけです。その本の中でも結像光学系は多様になっている、と記させて頂いたのですが、本書ではさらに多様な世界に踏み込むことになります。理論的にも熱力学や、ノンイメージング・オプティクスに取り組みます。照明系の本の中で、長々と収差論や光学系の構造論を、中途半端に重複して説明しなくてよいことは、非常にありがたいことでした。照明系光学設計専用の

はじめに

教科書が少ないのも、なかなかこうした見識のある企画が困難であるからかもしれません。

そのような経由から、前著、『シッカリ学べる！「光学設計」の基礎知識』もできればご購入いただければ、と思います。ただ、本書のみでもそれこそシッカリと照明系・投光系光学設計というものをつかめるようになっております。ご心配いりません。本書がいろいろな分野の照明系・投光系光学設計に、いや照明系に関わる方々のお役に少しでも立てるようでしたら、法外の喜びです。

最後に、先に述べましたような絶好の出版の機会をお与えいただき、また何かとご尽力いただきました日刊工業新聞社出版局の鈴木徹部長に、そして、お世話になりました関係者の方々に深く御礼申し上げます。

また、家族にも感謝の意を表したいと思います。

2018年　11月　　牛山善太

目　次

はじめに　　i

第1章　照明における物理的基本現象について

1-1　光がどこを通るのか ……………………………………………… 2
1-2　光がどのように通るか、散乱 …………………………………… 4
1-3　光の進み方を考える・光線とは ………………………………… 5
1-4　フレネル反射強度と全反射 ……………………………………… 7
1-5　明るくなるということ（照度のアップ）……………………… 9
1-6　明るくなるということ（輝度のアップ）…………………… 11
1-7　どうやって明るさを知るのか ………………………………… 12
1-8　さらに光というものについて考えてみましょう ………… 14
1-9　さらに波動光学について、量子光学について ……………… 16
1-10　基本的な照明の諸量・放射量、視感度そして立体角 ……… 18
1-11　重要な測光諸量の定義 ………………………………………… 20
1-12　輝度について …………………………………………………… 22
1-13　輝度不変則の概念 ……………………………………………… 24

第2章　照明の概念

2-1　黒体輻射（熱）光源 …………………………………………… 28
2-2　光源としてのレーザについて ………………………………… 30
2-3　太陽光を集光すると …………………………………………… 32
2-4　輝度の不変性（プランクの予測による考え）……………… 34
2-5　輝度の不変性（熱力学からの導出）………………………… 36

iii

目　次

第3章　エタンデューについて

- 3-1　エタンデュー、そして輝度と色温度の関係について ……………… 40
- 3-2　エタンデューについての更なる説明 ……………………………… 42
- 3-3　熱力学とエタンデューの保存について …………………………… 44
- 3-4　大きな枠組み ………………………………………………………… 46
- 3-5　近軸領域におけるエタンデュー …………………………………… 48
- 3-6　一般化されたエタンデュー、位相空間コンセプトについて ……… 50
- 3-7　位相空間とエタンデューの保存 …………………………………… 52
- 3-8　エタンデューで考える集光比 ……………………………………… 54
- 3-9　スキュー不変量 ……………………………………………………… 56
- 3-10　輝度を上げる ………………………………………………………… 58

第4章　測光学的な法則

- 4-1　任意の形状の光源のもたらす照度 ………………………………… 62
- 4-2　光学系の明るさ・NAについて …………………………………… 65
- 4-3　照明系設計の簡単な法則など ……………………………………… 67
- 4-4　照明系と投光系の違い（照明系の多様性について） ……………… 70
- 4-5　輝度測定、輝度計算の大変さ ……………………………………… 72

第5章　集光のための光学系・量的照明系設計1

- 5-1　集光系と照明系 ……………………………………………………… 76
- 5-2　集光比の定義（理論的最大値） ……………………………………… 78
- 5-3　集光効率を上げるための光学系 …………………………………… 79
- 5-4　近軸理論による明るさ ……………………………………………… 81
- 5-5　ヘルムホルツ-ラグランジュの不変量 ……………………………… 83
- 5-6　集光のための結像系の初歩的特性 ………………………………… 85
- 5-7　結像系の照明系への利用 …………………………………………… 87
- 5-8　結像系による集光系 ………………………………………………… 89
- 5-9　収差の生きた照明系 ………………………………………………… 91

目次

第6章　エッジレイ・メソッドの考え方（量的照明系設計 2）

- 6-1　ライトコーンズとエッジレイメソッド …………………………… 94
- 6-2　ミラー仕様の基礎　鏡の利用 ………………………………………… 96
- 6-3　CPC（複合放物面集光器）の諸元 1 ………………………………… 98
- 6-4　CPC の諸元 2 ……………………………………………………………… 100
- 6-5　CPC の諸元 3 ……………………………………………………………… 101
- 6-6　2 次元と 3 次元の CPC ………………………………………………… 103
- 6-7　CPC の特性について …………………………………………………… 107
- 6-8　非結像系と結像系の集光比 …………………………………………… 108
- 6-9　有限距離に光源がある場合の集光器について …………………… 110
- 6-10　Hottel によるエタンデューの表現 ………………………………… 112
- 6-11　2D 集光器における最も一般的な設計原理 ……………………… 113
- 6-12　2D 集光器における一般的な設計手法 …………………………… 115
- 6-13　一般的な設計手法の適用 …………………………………………… 117
- 6-14　フローライン設計 …………………………………………………… 120
- 6-15　フローライン間のエタンデューの保存 ………………………… 122
- 6-16　フローライン設計の実際 …………………………………………… 124
- 6-17　波面収差と SMS 設計法 ……………………………………………… 126
- 6-18　SMS を利用した設計法 ……………………………………………… 128

第7章　明るさの質を制御・質的照明系設計

- 7-1　一般的な照明系、臨界照明、ケーラー照明 ……………………… 132
- 7-2　歪曲収差と画面の明るさ ……………………………………………… 134
- 7-3　コンデンサーレンズによる照度分布・コンデンサー問題 1 … 136
- 7-4　コンデンサーレンズ問題 2 …………………………………………… 138
- 7-5　コンデンサーレンズ問題 3 …………………………………………… 140
- 7-6　照明系、収差係数による点像強度分布 1 ………………………… 142
- 7-7　照明系における点像強度分布 2 ……………………………………… 144
- 7-8　瞳を通過するエネルギー ……………………………………………… 146
- 7-9　瞳収差による照度分布のコントロール 1 ………………………… 148

7-10 さらに瞳収差について ………………………………………………………… 150
7-11 瞳収差による照度分布のコントロール2 ……………………………………… 153

第8章　照明系のタイプ

8-1 照明系の基本的なタイプ ………………………………………………………… 158
8-2 複合光学系タイプの照明系1 …………………………………………………… 161
8-3 複合光学系タイプの照明系2 …………………………………………………… 163
8-4 結像関係の縦への重層化 ………………………………………………………… 166
8-5 明視野照明と暗視野照明 ………………………………………………………… 169

第9章　コンピュータによる照明系評価

9-1 コンピュータによる照明シミュレーション …………………………………… 174
9-2 光源の設定方法・輝度からの照度計算 ………………………………………… 177
9-3 照度分布計算 ……………………………………………………………………… 179
9-4 輝度分布計算 ……………………………………………………………………… 183
9-5 拡散シートの効能 ………………………………………………………………… 185

参考文献　　189

第 1 章

照明における
物理的基本現象について

第 1 章　照明における物理的基本現象について

1-1　光がどこを通るのか

　光が伝播する際には、空気や、硝子などの何らかの媒質を通過することになります。また、それら媒質同士が接する境界面も通過することになります。照明系ではどこを光が通過するかが結像系の対象に比べて多様になります。一応ここで、照明系において光が通過する場について押さえておきましょう（**図 1-1**）。

(1)　誘電体の形成する自由空間

　光が透過する媒質は一般的に誘電体と呼ばれる、透明な媒質です。真空、空気、液体、硝子のようなものが含まれます。一般的なレンズ系の材料も当然、誘電体であって、通常そこに電荷も電流も生じていないと考えます。光学設計的に、一般的な場合には、誘電体の性質を決める最も重要な要素は屈折率です。屈折率はその名の通り、異なる屈折率の媒質が形成する境界面を光波が通過するとき、その光路が曲げられる度合いを表すものですが、根本的な性質としては、真空中とその媒質内での光の速度の比を表します。因みに屈折率 1.5 の媒質中の光速は真

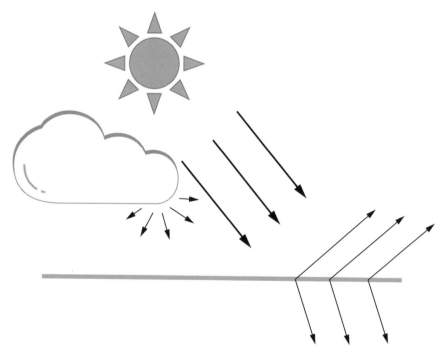

図 1-1　光の進行

空中の速さの 1/1.5 になる訳です。(光学ガラスの屈折率表示では、一般的に空気中との速度の比を表しています。)

　レンズなどの光学機器に用いられるためには、媒質には、本来は全ての位置、或いは全ての光の振動方向に対して屈折率が一定であること、つまり等方性が求められます。しかし、媒質の結晶構造そのものにより、或いは圧力等の物理的条件により（プラスチック系素材に際立つ）、光波の振動方向に対して屈折率が異なり、光波が分離する現象も起こり得ます（複屈折現象）[2]p.75。

　また、その中で人工的に屈折率変化を伴った媒質も存在します。屈折率分布ガラス（Gradient Index Glass）と呼ばれるものです。屈折率が分布することで、レンズにおける曲面加工を表面に施さなくても、光を曲げ、集光することができ、ファイバーの材質ですとか微細なアレイレンズ等に利用することができます。

(2) 異なる性質の媒質により形成される境界面

　誘電体境界面、つまり屈折率の異なるガラスとガラス、空気とガラスなどの境界面においては、屈折、反射が起こります。また、上記、誘電体に比し、金属などの導体は光を反射、吸収して、透過させません。空気、ガラスなどの誘電体と金属面の境界においては主に反射が起き、鏡面となります。

　微小な凹凸を持つ境界面等においては、上記の屈折反射現象が複雑に起こると考えてもよいのです。しかし、表面微小構造が細かくなるにつれ、その微小構造による回折現象が顕著になってきます。その最も端的な例が回折光学素子と呼ばれるものです。誘電体、或いは導体との境界面に微細構造を形成し波動的な回折現象を利用し光波の進行のコントロールを行うものです[2]p.168。場合によってはレンズ機能さえ付加できます。このような現象は、照明系においても、精密な配光制御等の目的のために応用されてきています。

1-2　光がどのように通るか、散乱

前項の続きで3種類目の場として分類してもよいかと思いますが、媒質中に微粒子が分布していて、そこを光が通る場合があります。

(3)　微粒子の存在する誘電体媒質

誘電体媒質中に微小な粒子が存在する場合、その粒子の起こす光学的な現象（主に反射、屈折、回折）を散乱と呼びます。照明系の場合にも屈折率を変化させ、散乱を利用して配光を制御するなどの目的で、導光板等にこうした数十ミクロン以下の粒子を混入する場合もあるのです。

散乱現象の基本的分類は照明設計的な波動光学の範疇では以下の通りです。

● レイリー散乱

波長に比べ十分に小さい反射物体を考えると（100 nm 以下、波長の1/10 程度）、この散乱は強い波長依存性を持ち、レーリー散乱と呼ばれています。短い波長の青い色の光が多く散乱され空はレイリー散乱により青く見えます。

● ミー散乱[9] Ⅲp.265

物体が小さくて、一般的な回折近似理論の誤差が大きくなり、また完全に回折に対する物体の大きさを無視する程に小さくもないので、レーリー散乱の理論も成立しない領域が存在します。この領域における大きさの球による散乱計算を担う理論がミー（Mie）理論（1908年）です。この理論により計算される散乱を便宜的にミー散乱と呼びます。ミー理論は多くの場合、物体の大きさが数 mm 程度から 100 nm 程度の大きさに及ぶ、大気中の水滴、或いは媒質中の粒子などによる散乱の解析に用いられます。この散乱の波長依存性は少なく（白く見え）、散乱もいろいろなパターンでコントロールできるので、導光板設計などで利用されるのは、このミー散乱です。なお、蛍光体による散乱以前と以後で波長が変換されるような散乱（コンプトン散乱、ラマン散乱）は、古典的な波動光学的散乱の範疇からは外れます。

こうした波動光学的散乱以外にも、照明系では拡散と呼ばれるような現象が用いられます。拡散板と呼ばれる部品もあります。こうしたものはだいたいシート、或いは誘電体表面に微細な構造を施して、幾何光学的な反射、屈折を利用したり、波動光学的回折現象を利用したりして光を散らす効果を持つものです。一番簡単な例は摺りガラスです。照明系設計では非常に重要な光学的要素でもあるので本書後半（9-5項）でも触れさせていただくこととなります。

1-3 光の進み方を考える・光線とは

　一般的な透明媒質中では光は直進します。その進行方向を光線という線で補助的に表現することができます。本来、光は波としての性質を持ちますが、
① 非常に光が集中している状態を詳細に解析する場合
② 光の明暗の境界の状態を詳細に解析する場合
③ 単色性の強い光源の大きさが非常に小さい場合
④ 小さな構造を通る光、或いは小さな絞りを通る光を遠方から観測する場合
等の場合以外には、光線を代表させて光の振る舞いを、単純明快に考えることができます。上述の通り、このような範囲で光を考える学問を幾何光学と呼びます。一般的な照明系設計の場合には、専ら波長オーダーの屈折率の変化のある構造のない、広大な空間における光の伝播を対象とするので、この幾何光学の範疇で照明系の設計が行なわれると考えてもよいのです。（レーザ光源、或いは単色性の強い非常に発光面の小さな LED 等においては波動光学的評価は重要になりますが。）本書では、この幾何光学理論の範疇で主に解説させていただきます。
　またさらに、光の進み方を考える上で重要な法則、ならびに計算結果の量として以下のものが挙げられます
● フェルマーの原理・光路長[1)p.16]
　光は屈折率と光が進行した距離を掛けた光路長が（或いはその合計が）極値（一般的には最小値）となる経路を通過します。屈折率が一定の空気、真空、光学ガラスの一般的状態においては、その媒質中で光は直進します。また、温度分布により屈折率が不均一に分布している大気中、屈折率が分布しているガラスにおいて光は曲進することになります（図 1-2）。
　屈折率は、真空中に、ある距離を光が進むのに要する時間と、そのガラス中の同じ距離を進むための時間との比であって、フェルマーの原理とは、結局"光はA、B間が最短時間となる経路を進む"とも考えることができます。
● スネルの法則[1)p.18]
　異なる屈折率を持つ媒質境界面では、以下のスネルの法則により屈折・反射現象（図 1-3）が生起します。照明シミュレーションに

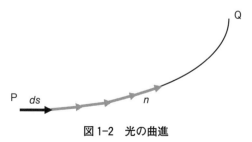

図 1-2　光の曲進

おける光線追跡はこの式をもとに行われています。

$N_1 \sin\theta_1 = N_2 \sin\theta_2$ 　　(1)

その屈折と反射作用はガラスとガラス、或いは空気等の誘電体境界面においては、実は同時に起こっていて、それらの光の強度の割合はフレネルの反射強度の式により計算することができます。金属面（ミラー）の場合には、スネルの反射則に則る反射のみ顕著に起きることになります。（この場合には吸収は起こっています。）

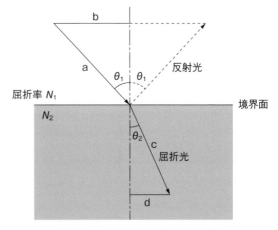

図1-3　スネルの屈折則・反射則

● 幾何光学における明るさの概念（幾何光学的強度の法則）[1]p.20

観察面上の光線の密度が小さくなると、観察面上での明るさは暗くなります。光路の途中にレンズ等の光学系が存在していても、微小面積と、単位面積当たりに通過する光の明るさの積は、光の進行に伴っても一定になります（**図1-4**）。

$I_1 dS_1 = I_2 dS_2$ 　　(2)

コンピュータによる一般的な照明計算では、この概念に基づいて明るさを定量的に算出しています。

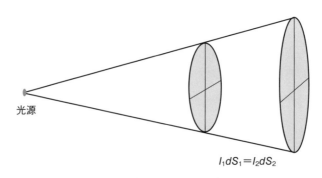

図1-4　幾何学的強度の法則

1-4 フレネル反射強度と全反射

図 1-5 にはスネルの屈折則を考えた例として、屈折率 $N_1=1$ から $N_2=1.5$ へと変化する空気、水、ガラス等の光を透過する媒質同士の境界面に光が入射する際の、S 偏光と P 偏光における反射率（強度）を示しています（屈折率が変化すると強度も変わります）[2)p.46]。これをフレネル反射強度と呼びます。こうした反射と、次の媒質に侵入する屈折が同時に起こります。物質による吸収を考えなければ、境界面で分岐する、反射分と次の媒質に進入していく屈折分のエネルギーを足せば、入射エネルギーと等しくなるはずです。

偏光[2)p.36]：電磁波である光の伝播は様々な方向に振動する波が伝わっていく模様としてイメージすることができます。この振動の偏りを偏光と言います。一般的な照明を扱う場合には偏りはランダムであると考えて差し支えありません。
P 偏光：スネルの法則図（図 1-3）、紙面内に振動方向が含まれる光波の振動成分。
S 偏光：紙面と直交する方向に振動する光波成分

図 1-6 には、屈折率の大小が逆で、屈折率 1.5 から 1 の媒質に光線が進行しようとしている場合のフレネル反射強度のグラフを挙げます。このグラフで特出しているのはそこから反射率が 100 % になっている角度の閾領域があることです。これは何かといいますと、スネルの屈折則において $\sin\theta$ は 1 を超えることはできません。従いまして、例えば右辺の屈折率が空気のように 1 であるとすれば、右辺全体が 1 を超えることはできません。また、屈折率 1.5 の媒質中（左辺）から光が右辺に抜けるとき、θ_1 次第によっては左辺が 1 を超え、右辺に解が存在しなくなります。このとき、光線は境界面で反射則通りに反射し元の媒質に戻ってきます。そして、こと反射に関しては 100 % のエネルギーが反射されます。この現象を全反射 (total reflection) と言います。そして全反射が初めて起きる角度を臨界角と言います。

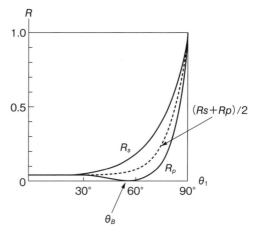

図 1-5　強度反射率　$N_1 < N_2$

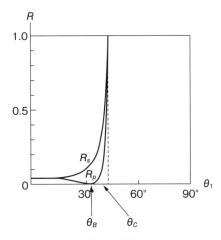

図1-6　強度反射率　$N_1 > N_2$

　この全反射が照明系設計で特に重要なのは、その反射率が100％だからです。反射と言えば鏡を用いることを思いつきますが、例えば一般的な金属蒸着ミラーの反射率は**図1-7**にある程度です。上手く全反射を利用できれば蒸着の費用も掛からず、反射率も理想的なのです。また光ファイバー内における反射にはその長距離伝送の際の反射回数からできるだけ高い反射率が望まれ、全反射現象を利用することになります。

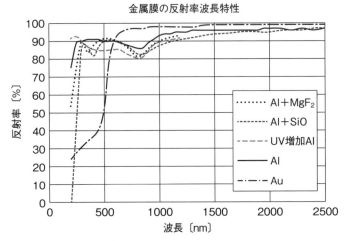

図1-7　金属ミラーの反射率
（出典：シグマ光機株式会社ホームページより）

1-5 明るくなるということ（照度のアップ）

そろそろ照明光学系とはどういうものか、そこにどういう役割があるのかということについて考えてみることにしましょう。照明系というものは、大掴みにすれば、光を放射する光源からのエネルギーを、照明される何か（スクリーンであったり、人の眼であったり、測定器であったり、或いは蓄熱器であったりするでしょうが）に直接的に、或いは間接的にでも導くものと捉えることができるでしょう。これはかなりわかりやすい説明かと思うのですが、それではその照明系において、大勢の人間にとって、その性能を表現する、"明るい"ということはどういうことか、を最初に考えてみたいと思います。

照度という概念があります。これは、単位面積あたりに到達する光のエネルギーを表します。被照明面上の微小面積 dS に到達する光束（エネルギー）dF を考えれば、照度 E は、

$$E = \frac{dF}{dS} \quad (\text{w/m}^2) \qquad (1)$$

となります。微小面積に単位時間当たりに到達するエネルギー、光束を、その微小面積で割った量です。当然照度が高ければより多くのエネルギーが dS に到着していることになり、"明るい"ということになるでしょう。このとき、光はどの方向から dS に到達しようと(1)式には無関係です。いかに多くのエネルギーが dS に到達するのか、のみが重要であります。従って、図 1-8 にあるように多

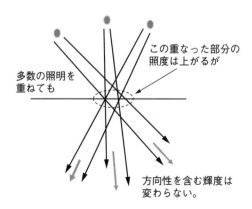

図 1-8 合成による照度の上昇

くの光源を用いてdSに光を集めれば照度は簡単に上昇します。光源を増やせば増やすほど、dS近辺は明るくなります。本来はレーザ光のような干渉性（後述）の高い光波、条件下では干渉縞ができて、単純に、照明される面において均一な明るさの合成和とはなりませんが、干渉性の低い一般的な照明系においては単純に単独の光源が寄与する分だけ、照度が上がっていくと考えられます。当たり前のようではありますが、照明系の設計を考える時には重要な事柄です。

　また、もしレンズのようなもので、光束をより小さな面積に収斂させれば、集光面積は小さくなり、(1)式分母が小さくなり、全体のエネルギー量は変わらないのですが、照度は上がることになります。凸レンズには焦点という光の最も集まる場所があります。ここに被照明面位置を持ってくれば照度は上がるわけです。また、レンズには一点に光を集めきれないで収差という誤差が発生してしまうという性質がありますが、この収差が少ない結像光学系においては、光源点から放射された光はかなりうまく焦点近傍に収束しますので、そうした光学系を用いることによってさらに照度をアップさせることができます。

　因みに、図1-9にありますように、非常に遠方にある点光源（星のように）からの光線は、我々のもとに届く際にはもう互いに平行に近くなっています。

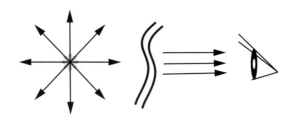

図1-9　非常に遠方の点光源からの光線

1-6　明るくなるということ（輝度のアップ）

　話を 1-5 項図 1-8 に戻しましょう。確かに dS にやってくる光は増え、照度は上がりました。dS においては明るくなったと言えるでしょう。しかし、dS という場所だけではなく、どの方向から光を感じるのか、という観点から考えるとどうでしょうか？　それは人間の眼で照明されている場所を観察したり、或いは被照明面にどの方向から光がくるかによって感度の特性が異なったりする場合には、重要な検討事項です。

　こうしたとき、輝度という便利な明るさの単位があります。輝度の詳細については後述させていただきますが (1-11 項)、任意の角度方向への単位角度内に、この方向から見た単位面積当たりから放射されるエネルギーを表します。場所と方向を変数に持つ量です。微小立体角で割っているところが大きく照度と異なるところです。どの方向から微小面積を見ているかによって輝度は大きく変化します。

　1-5 項図 1-8 の場合にも、よく見てみますと、それぞれの光源からの光は dS 近辺でクロスしていますが、あとは互いに異なる方向に無関係に過ぎ去っています。従って、dS を新たな光源面（2 次光源）とみなした場合には、特定の方向へ流れる光のエネルギー量には変化がなく、その方向への輝度は変化していないことがわかります。

　このように考えると、光の合算により、優れた測定器で測った場合の輝度を上げるためには、異なる光源から出た光波を、まったく方向性が一致するように合流させることが必要になってきます。実はこれは非常に困難なことです。ハーフミラーを介して光波を合流させる場合には、反射率を増やせば透過率が減って、結局、一般的な干渉性の低い光波同士（干渉性の高い光源が全く同期して動作していれば可能。3-11 項）ではもとのエネルギーを上回る合成エネルギーの流れを作ることはできません。

　輝度が高くなることを明るい、とするのであれば、この場合には明るくはなっていないことになります。

　それでは、レンズで集光した場合はどうなるのでしょうか？　後述の 1-13 項の解説を参照いただきたいのですが、レンズで集光する際には、光線の角度を変えること、また光源と光源像の大きさとの関係で、輝度はやはり変化しません。このような輝度が一定に保たれるという原則を輝度不変則と呼びます。

第1章 照明における物理的基本現象について

1-7 どうやって明るさを知るのか

これまでのお話では、取りあえず照度、或いは輝度が上昇することが明るくなること、と考えました。つまりそこでの明るさはそれぞれの単位を測定できる測定器で測った明るさ、と考えてもよいでしょう。しかし実際には測定器で良い値を得るために照明系を組む人もいませんので、必ず、何かを照らそうとか、それを読み取ろうとか、明るい光を認識したいとかの具体的な目的があるはずです。これ以上、明るさについて考えるためにはこうした真の目的を熟慮せねばなりません。

まず最も一般的な照明系の使い方としては、dS 付近に被照明面が存在する場合です。例えば読み取りたい原稿のようなものです。この原稿にどのくらいの光が到達するのか、照度はどのくらいか、ということは読み取りのための明るさをダイレクトに反映することになります。もちろん、その原稿面がどのような拡散性を持つかによって、その後の照明系としての性能は左右される訳ですが、とりあえずは、この原稿面の照度が大きく、あるいは所望の分布、例えば均一に近いことが明るく性能の良い照明系のためには重要となります。

それでは輝度の明るさが重要となる場合とはどんな場合でしょうか？それは、ある方向に伝わるエネルギーに注目したい場合であって、その方向に目や、CCDカメラなどがあるとすれば簡単に想像できます。比較的小さな開口部を持つ、それら目や、CCDカメラに多くのエネルギーが飛び込むためには、そこでは光線の指向性が重要となる訳でありますから、輝度が大きな値を持つことが肝要となります。

そして、図1-10をご覧ください。図1-10(a)は様々な方向に均等に光を拡散するような一般的な投影スクリーンに、像を結ばせている場合（反射でも透過でもどちらでもよいが）、(b)はあまり拡散性の強くはない摺りガラスのようなスクリーンに像を結像させて像を観察する場合です。

(a)において光はどの方向にも十分に拡散されるので観察者がどこにいようと、明るさについては、見え方にそう変わりはないでしょう。したがって、スクリーン上の単位面積当たりの明るさ、照度を測定すれば、照明系評価のためには事足りることになります。

しかしながら、(b)の場合には、図にあるとおり、観察する方向により、或いは、スクリーンのどこを観察するかにより、目に届く光の量は大きく異なります。こ

1-7 どうやって明るさを知るのか

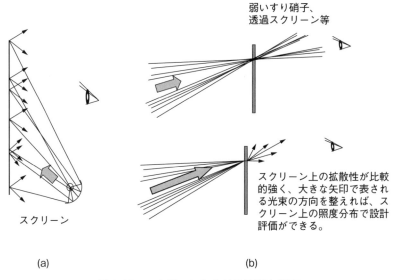

(a) (b)

図1-10　スクリーンにおける照度と輝度

うした場合には、位置と方向の両方を変数とする輝度を測定する必要が出てくるわけです。

1-8　さらに光というものについて考えてみましょう

　順序が少しあと先になってしまいましたが、ここでそもそも光とはどういうものなのかもう少し考えてみましょう。深遠なテーマですが照明系設計のためにはある程度理解しておくことが必要です。

●光線としての性質

　これまでご説明した通り、古代より直感的に理解されている光のあり方であり、光は直進して明確な光と影の領域を形成するという概念で、幾何光学へと連なる考え方です。収差を持つカメラレンズを設計するとき、或いは照明系におけるように、波長に比べて広大な空間を伝播する光を考えるときに適します。

●波としての性質

　光は電磁波の一種として電場、磁場を振動させながら進む波であるという捉え方ができます。波なので、周期性があり、その単位としての波長があり、他の波と強め合い、或いは弱め合い互いに影響を受け合います（干渉現象）。また、波なので水面に石を投げたときの波紋のようにいろいろな方向に広がっていき、いろいろな方向に回り込む現象が起きます（回折現象）。こうした現象を考慮するのが波動光学です。波長を0と置いて波動光学を単純化・整理したものが幾何光学と考えることもできます。

　波動光学における重要な原理として"光波の重ね合わせの原理"というものがあります。波動光学を司る、Maxwellの電磁方程式を満たす光の場、分布を表す場所の関数をA、同様な、別の分布具合を表す関数をBとするとき、A+Bはマクスウェルの方程式を満たします。光の合成は、各（座標）場所におけるA、B単独の波としての場を単純に加えていけばよいことになります（**図1-11**）。

　また、波動が合成されたときは、波動の足し算を考えればよい訳ですから、それぞれの波の揺れ（振幅）を足して新しい波を作ればよいのです。ただしこのとき、揺れの方向にプラス、マイナスがあることが重要になります。つまり、ある地点で波が上に10（プラス）、下に10（マイナス）揺れていたら、合成された新しい波の揺れはこの干渉現象により0になります（**図1-12**）。ところで、表現上、こうした図では海の波のように何かが動いて波が伝播しているように見えますが、実際には電磁波の場合、電磁場の強さ、向きが変化して、伝播していくのです。

　因みに、光波の時間平均されて観測される単位面積を透過するエネルギー、明るさは、例えば正弦波のように規則正しい波動が続く場合、最大の揺れの二乗に

1-8 さらに光というものについて考えてみましょう

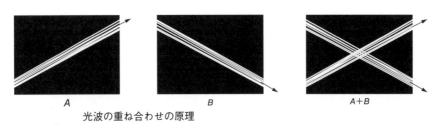

図 1-11 光波の重ね合わせの原理

その空間の屈折率を掛けた値に比例します。

　LED を含む一般的な照明光では、波動が数学的な正弦波を生み出すようには、長い時間連続して放射されません。断続的に正弦波の一部が放射されます。従って図 1-11 の A、B の交わると

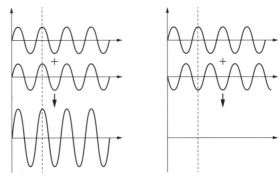

図 1-12 波動の合成

ころでは、図 1-12 にあるような、強め合い、或いは弱め合いの状態が時々刻々と変化し、我々にはその時間的平均の明るさが観察されることになるでしょう。このような場合には、A、B 単独で表す光の明るさ（単独の振幅の 2 乗に比例する値）を、交叉領域では単純に足し合わせれば、その場の明るさが計算できます。照明計算では一般的にこうした単純な足し算が可能になります。こうした光をインコヒーレントな光、と呼びます。これとは対照的に波連が長く一定に続き、均一な位相で発光する光源から放射される、レーザなどに代表される光をコヒーレントな光と呼びます。（ただし、レーザでなくても仮に非常に小さい光源から一つの波長で連続に波動が放射されていればそれはコヒーレントな光源と呼べます。）こうした光で先ほどの A＋B の位置を考えれば、それぞれの波動がそこで干渉して、2 光波の位相関係は一定になりますので、安定した強め合い、弱め合いが、干渉縞が観察できます。

1-9　さらに波動光学について、量子光学について

また、電磁波である光の伝播は様々な方向に振動する正弦波のような波が伝わっていく模様としてイメージすることができますが、実はこの正弦波的振動に自由度があります。図1-13におけるx-z平面、x-y平面への波動の射影（つまり影絵）が正弦波状になっていればMaxwellの電磁方程式を満たし、図1-13におけるような様々な波の形が存在します。このような振動の偏り方を偏光と呼びます。一般的な照明光源を扱う場合には偏りはランダムであると考えて差し支えありません。この偏光の概念はフレネル反射強度を考えるときに出てきています。1-4項の反射強度図を見ていただくと、ただ誘電体境界面で反射されているだけでもS、P偏光によって反射率が異なるので、偏光状態も容易に変化することがわかります。従って普通のカメラレンズにおいても、球面のレンズの端と真ん中

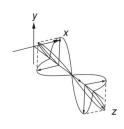
(a) 直線偏光

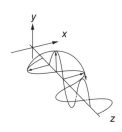
(b) 円偏光

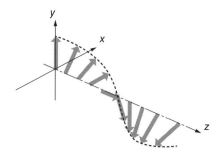
(c) 円偏光の電場の強さと方向の変化

図1-13　偏光の種類

では光線の入射角が変わりますので、偏光状態も厳密に言えば変化することになります。

照明系においてこの偏光状態が知識として重要なのは、まず、液晶は偏光状態によって、画像を制御しているからです。液晶の偏光方向による透過選択性よって光を制御していると言えるでしょう。すると偏光を制御することは光を効率よく利用することにもつながります。偏光状態を変化させられる、波長板等の素子の存在も重要です。

● 光の粒子としての性質

光はエネルギーをもった粒子であるとする考え方があります。現代の科学では光は波動性と粒子性を持ったもの、量子と考えられています。このような考え方に基づく光学を量子光学と言います。一般的なレンズなどの光学機器を考える場合には殆ど不要なのですが、しかし、光源からの発光、吸収、媒質と光の原子的なレベルでの精密な相互作用を考える場合、非常に強い光、逆に弱い光を扱う場合には、量子光学が必要とされてきます。また、光源においては、その発光のメカニズムそのものを解析する場合には言うに及ばず、白色光を得るための、蛍光体による吸収を含む発光色変換現象などを検討する場合には、必要となる考え方です。これから取り上げる、黒体輻射についてもそのメカニズムの説明については、電子がとびとびのエネルギー状態をとり得るとする量子光学の力を借りなければ辻褄が合いませんでした。

また、より身近な話では、遠くの星はなぜ我々に見えるのか？という問題があります。純粋に波動であれば距離の2乗に反比例して届くエネルギーは減衰します。非常に遠方の星からくる光を考えますと、我々には見えるはずのない強度に減衰しているはずです。しかし見えるのです。このことは、光が粒子であって、我々の眼に見えるほど離散的なエネルギーが蓄積し、閾値を超えて見えていると考えると妥当です[16]p.69。

照明系のように光のエネルギーを主役に考える場合には、波動光学のさらに向こうに、幾何光学であたかも光線に沿って粒子が運ばれてきたと考えていたようなモデルが隠されていたというのは面白いことですね。

第1章 照明における物理的基本現象について

1-10 基本的な照明の諸量・放射量、視感度そして立体角

　明るさを定量的に扱うための基本的な事柄について説明させていただきます。目が明るさを感じる波長域（可視域）は通常、380から780 nmであるとされています。視感度を考慮した単位時間あたりに透過するエネルギー量、光束B_vは、変換の際の係数をK_Mとして、以下の如くです。物理的な単位時間あたりのエネルギーB_eに目の感度によるウエイトVが乗ぜられ積分される形となります。

$$B_V = K_M \int_{380}^{780} Be(\lambda) V(\lambda) d\lambda \quad (1)$$

　また、1979年に、波長555 nmにおいて、放射束1ワットに対し光束が683ルーメンと定義されたので、変換係数は、

$$K_M = 683 \left(lumen \middle/ watt \right) \quad (2)$$

となります。一般的に物理的なエネルギー量を基にした照明系の単位を放射量、視感度を考慮した光束を基にした単位を測光量と呼びます。

　一般照明のように人間が光を感じるための器具であれば、紫外線や赤外線などの人が感知できない波長領域のエネルギーはカットして明るさを考えた方が都合の良いことになります。

　例えば480 nmで放射量1ワットの発光は、図1-14に示された分布$V(\lambda)$より、

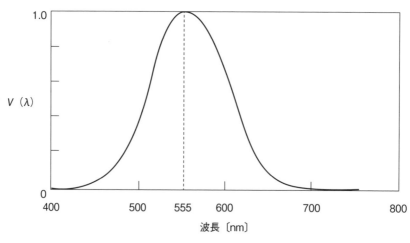

図1-14　視感度分布 V

555 nm と 480 nm における値の比を $V(480)$ に代入して、測光量では約 95 ルーメンと計算できます。このように、光源からの光に含まれるすべての波長域について物理量を元にし(1)式による積分（コンピュータ上では波長域を細かく分けた離散的な、上述のような計算の和になりますが）を行い、測光量の光束が得られることになります。現在の照明系設計ソフトにおいては、これらの二つの単位系の相互の変換は簡単に行えます。

光の明るさを定量的に表す場合には、どうしても光の広がりの角度を3次元的に表す必要が生じ、その役割を果たす立体角は以下の通り定義されます。半径 r の球表面 S を切り取ってできる立体を考え場合に、この球中心からの広がりが立体的な角度を表します（**図 1-15**）。

$$\Omega = S/r^2 \quad (3)$$

本来、面積 S は球表面上であればどのような形でもよいのですが、オーソドックスに球表面上の円と考えれば、球中心から（照明系設計では光源から、と考えても良い）の2次元的な広がり角度 θ（半角）と、立体角 Ω との関係は

$$S = 2\pi r^2 \int_0^\theta \sin\sigma d\sigma$$

なので、

$$\Omega = 2\pi(1 - \cos\theta) \quad (4)$$

とすることができます。

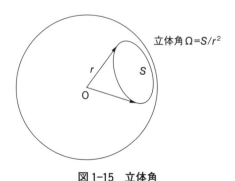

図 1-15　立体角

1-11 重要な測光諸量の定義

　ここで、取りあえず放射量・測光量の単位について説明させて頂きます。数式がある方が理解しやすい場合もあるので定義式を挙げておきます。d はその直後に記されている量の微小な値であることを表しています。例えば dS であれば微小な面積と理解して頂いて結構です。

　物理的な放射量で記述していきますと、（測光量名称については [ ] 内に示します。）

- 放射束［光束］　　$\phi = \dfrac{dQ}{dt}$　(Watt=J/t)［lumen］　　(5)

Q は放射エネルギーであって、電磁波（或いは粒子）として伝播されるエネルギー、t は時間です。光源の周り全ての方向に放射されている単位時間当たりのエネルギーを全光束［lumen］と言います。光源カタログには多くの場合、発光総エネルギーとしてこの値が記載されているなじみのある量です。これから以下に記す単位もこの値が元となり、何の量でこの放射束［光束］を割るかによって、定義が異なることになります。

- 放射照度［照度］　　$E = \dfrac{d\phi}{dS'}$　(W/m²)［lux］　　(6)

S' は被照明面上の面積。ある面積にどのくらいの放射束が到達しているのか？を表す単位であって、そこには光の方向性の概念は含まれていません。ですから、見る方向で明るさが大きく異なるような被照明面の評価には適しません（図 1-16）。

- 放射発散度［光束発散度］　　$M = \dfrac{d\phi}{dS}$　(W/m²)［lumen/m²］　　(7)

S は光源面上の面積。照度の裏返しで、単位面積あたりどのくらいの放射束が射出しているかを表す量です。

- 放射強度［光度］　　$I = \dfrac{d\phi}{d\Omega}$　(W/sr)［candela］　　(8)

Ω は光源から放射される光の形成する立体角です。そこには光源のどこから光が出ているかという概念は含まれていません。ただ、角度だけに注目する単位なのです。実際の光源は必ず面積を持っている訳ですから、ちょっと腑に落ちない面もありますが、その光源を非常に遠方（光の放射角度分布のみが顕著になるく

1-11 重要な測光諸量の定義

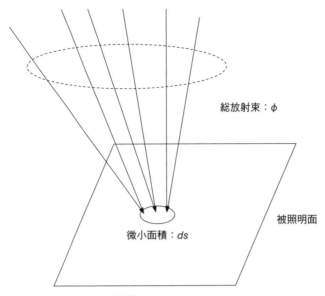

図 1-16 照度の考え方

らいの）から観察した量であると考えれば理解しやすいです。既述の全光束は総ての方向への単位時間当たりのエネルギー量ですが、それを特定の方向で限定して考えるのが放射強度［光度］です。これまでの光源メーカーが提供する、光源カタログには殆どの場合、指向特性として記載されているのはこの値です。また、光源特性を照明系設計ソフトにマニュアル入力する場合には、この放射強度［光度］と、放射［光束］発散度の分布を求められる場合が多いのです。今日のようにやすやすとコンピュータを用いて照明の評価をすることのできなかった時代には光源の性質を表す重要な指標の一つでした。非常にシンプルで扱いやすい量です。今日でも LED のカタログ等には掲載されています。ただ、いわば遠方でのファーフィールドの概念ですので、光源の大きさを考慮せねばならない場合には情報量が十分ではありません。

1-12 輝度について

● 放射輝度［輝度］　　$B = \dfrac{d\phi}{d\Omega dS \cos\theta}$　　(W/(sr·m²))　[candela/m²、nit]　　(9)

　もうすでに概念的なお話はしてありますが上式が輝度を表します（**図 1-17**）。ここに θ は光源面法線と輝度方向の為す角度です。光源の単位面積あたりから放射し、測定したい方向の単位立体角あたりに含まれる放射束を表しています。光源の（LCD 画面の様なものを考えていただいてもかまわないのですが）どの場所が、どの方向から見ると、どのように明るく見えるのか？ということを知るためには輝度という概念が不可欠になります。この場合、右辺分母にある微小面積 dS に $\cos\theta$ が掛かっているというところが少しわかり難いのですが、分母となる光源面積が、測定方向から角度 θ で斜めに光源を覗き見たときに歪んで見える光源の見た目の大きさ、であることを意味しています。

　人間の網膜には大略この見た目の大きさに比例して光源の微小区の面積が結像します。そこでの照度が等しいということは、人間の眼の受光部分単位面積あたりに同じエネルギーが取り込まれることになり人間にとっては同じ明るさに見えるということになります。照度は既述の通り、同じ光束が取り込まれるのであれば、こうした受光部での像面積に反比例するので、見た目の面積がたいへん重要

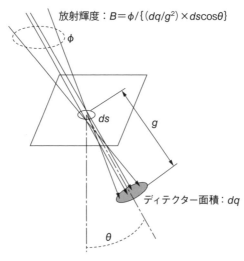

図 1-17　輝度の考え方

になります。また、人間は眼の構造上、数ミリ程度に制限された直径の絞り、虹彩によって立体角的に制限された放射束を受け取るわけですから（立体角をむやみに大きくとれない）、人間の網膜上の像照度を上げるためには輝度を上げることが必要になってくる訳です。

人間が見た方向においての等輝度光源とは、同じ照度の光源像が網膜に得られるもの、或いはカメラで撮影した場合には同様な均一照度分布の光源像が得られるものと考えられましょう。他の単位と比べると、少し理解しづらく、また重要なので、この輝度については以降でさらに詳しく触れさせていただきたいと思います。

ところで、どの方向から観察しても輝度の等しい面光源を完全拡散面光源と呼びます。ランバート光源、ランバシアン光源とも呼ばれることがあります。図 1-18(a)にあるようにどの方向に対しても文字通り等輝度なのです。ということは見た目の面積が式分母にあることから、角度毎の射出放射強度（光度）分布は図 1-18(b)の如くになります。光源面法線と光線方向のなす角度をθとすれば$\cos\theta$に比例することになります。

こうした完全拡散面が実際には存在するのかというと、それは完全という意味では No です。ただそうしたどの方向から見ても同じ明るさ、という理想的な光源を仮定をすることによって、実際には様々な奔放な拡散状態を発現する被写体、光源面を、理想的な姿を基準として考えようということです。

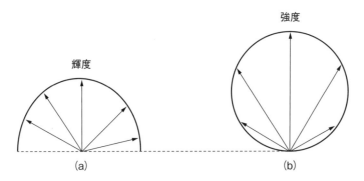

図 1-18　どの方向への輝度も等しい拡散面のことを完全拡散面と呼ぶ

1-13 輝度不変則の概念

1-6項ですでに触れさせていただいたように、吸収、拡散が無い場合、幾何光学的には微小な光の束に沿っての輝度は変化しません。これは照明光学的には重要な法則であって、例えばいくら光源の数を増やしても（1-5　図1-8）、照明光のクロスする場所においての照度は上がりますが、輝度は方向性を持つ概念なので輝度についての変化はないことはお話ししました。インコヒーレント（1-8項）な照明系設計で対象とする一般的な光の場合、輝度を上げるためには高輝度の光源を用いる、これに尽きる訳です。この法則の一般的な場合にも広く成立する証明については、この項では省きますが、レンズの口径が焦点距離、光源からレンズまでの距離等に比べ非常に小さいときには（図では、わかりやすいように大きく書いてあります）以下のような簡単な考え方が成り立ちます（図1-19）。輝度の定義から

光の束Aの輝度　　$A = \dfrac{\phi}{\Omega_a S} = \dfrac{\phi \cdot r^2}{H \cdot S}$　　(1)

光の束Bの輝度　　$B = \dfrac{\phi}{\Omega_b S'} = \dfrac{\phi \cdot r^2}{c^2 \cdot H \cdot S'}$　　(2)

ところが近軸結像関係[1]p.38 から

$$S : S' = r^2 : \dfrac{r^2}{c^2}, \quad S' = \dfrac{S}{c^2} \quad (3)$$

従って

$$B = \dfrac{\phi \cdot r^2}{H \cdot S} = A \quad (4)$$

レンズにより形成される光源像からの光の輝度には、レンズへの入射以前と比べ、変化がないことになります。

輝度が見かけ上変化するのはまず、図1-20にあるように、わかりやすい例として完全拡散面を用いた場合が考えられます。拡散面上のある場所P

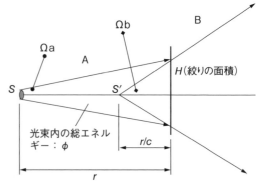

図1-19　結像の場合の輝度不変則の概念（微小な角度を仮定）

1-13 輝度不変則の概念

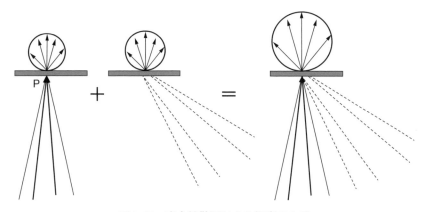

図1-20 完全拡散面による輝度の上昇

で拡散されれば、その後の指向性の違いはそれぞれの光源からの光について失われるので、Pでの透過後、任意の方向への輝度はPにおける集光状況に影響を受け変化することになります。ただし拡散光の輝度が上がる訳ですから、元の照明光の輝度よりはかなり低いものとなってしまいます。

　また、このような場合も考えられます。今日、航空管制灯のようなものにも寿命の長いLEDは使われてきているわけですが、他の光源と比べて輝度の低いLEDを使って（現在では超高輝度LEDも出現していますが）どうやって人の網膜上に十分な照度の像を結ばせ得るのでしょうか？虹彩を大きくするか（取り込みの際の立体角を大きくする）、輝度を上げるかしなければ、その照度は上げることができないはずなのです。ここでは、この投光装置から観察する人間までの距離が、光源面積に比べて十分に大きいことを利用しています。LEDを多数個（場合によっては数万個オーダー）並べても、航空機からの距離に比べれば、そんなに光源面積は大きくはなりません。従って、網膜上には非常に小さい面積にエネルギーが集まることになり、人は明るい輝点を感じることができます。実際には輝度が上がるのではなく、遠方からの観察により光源の面積の情報が失われることによって（星を見たときのように）、角度依存性のみの光度で人の明るさの感じ方を計算できる、とした方がよいかもしれません。こうした機器の光学的性能がカンデラ（光度）で表されることも当然のことです。もし、網膜の位置で非常に微小な面積における照度を精密に測定できれば、LED数を増やしても特定の微小領域における照度は変化しない訳ですから。

25

第2章

照明の概念

2-1 黒体輻射（熱）光源

ここから少し、照明系における光源の性質そのものについて触れさせていただきたいと思います。照明系光学設計を考える際には、どんな性質の光を相手にするのか、ということを考える訳ですから当然重要となる内容です。最初に非常に一般的な太陽光、白熱灯などの熱輻射光源から始めましょう。

黒体光源とは全ての波長のエネルギーを 100％吸収する壁でできた閉じた系です。この黒体からは熱吸収が高まり、温度が高まるにつれて光が発生します。その光には図 2-1 にありますように連続的に光の波長、スペクトルが含まれているのが特徴です。それぞれの波長の輝度は温度によって決まってしまうのです。温度により我々に見える色が変化します。これを色温度と呼びます。遠くの星についてもその色が観察できれば星の表面温度も推測できることになります。エネルギーロスのない黒体は一つの理想的モデルですが、同じような挙動をする熱光源と呼ばれるものには、我々のなじみの深い（深かった？）、白熱灯があります。タングステン等を発熱させて光を得るものです。

こうした光源には先ほども書きました通り、連続的に発光の波長が含まれていることが特徴です。太陽光も本来は核融合で生まれたエネルギーですが、深いところから太陽表面に達するまでには連続的なスペクトルを持つ熱光源とみなせるようになります。キセノンアークランプ、高圧ガス灯などもこの仲間と考えるこ

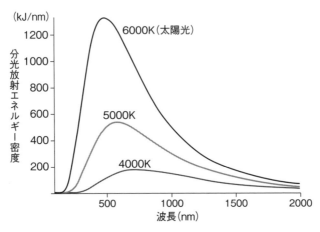

図 2-1　黒体光源の波長

ともできます。

ところがこれと少し異なる光源に蛍光灯のような不連続的なスペクトル（測定すると特定の波長のところに明るい、輝線が見えます）で発光する光源があります。連続放射する黒体とはまったく異なった機構で、光を放射していて不連続な特徴的なスペクトル発光特性を持ちます。水銀、ネオンランプもこの仲間です。また LED は可視域、近赤外領域の小さくて高効率な光源として、その重要性を近年大いに増していますが、LED光源もこうした不連続なスペクトルを持ちます。ですから見える色の感じから白色 LED 等においても色温度、という物差しも使用されますが、これは実は黒体放射に色として近いところの温度を指す、標準色温度というものです。

表 2-1 には黒体光源からの可視領域での 2 種類の波長についての輝度が表されています[4)p.202]。単位はワット/波長間隔/mm^2/str　です（分光放射輝度）。もし熱力学的に温度が均一になり安定する、熱平衡状態において色温度が一定になれば、輝度も一定になります。

表 2-1　2 種類の波長の輝度

温度（°K）	波長（nm）	
	550	630
3000	0.39	0.600
3200	0.65	0.960
6000	30.70	27.300

watts/mm^2/str/($\lambda : \mu$m 毎)

滑らかなタングステンの表面の反射率を考慮すると、放射率（emissivity：物体が熱放射で放出する放射輝度と、同温の黒体が放出するそれを 1 としたときの比）は約 0.5 なので、タングステン－ハロゲンランプの動作の際にそれぞれの波長において、3000 K と 3200 K の時の比べ半分にされた放射輝度が計算されます。6000 K は日光の色温度に相当します。

高圧水銀、キセノンアークランプは、スペクトル基線が重なり合い、広げられた連続的なスペクトルを持っていて、この連続体の輝度は 3200 K におけるタングステンの場合の約 2 倍の量に達します。

2-2 光源としてのレーザについて

　例えば基本的な 1 mW、HeNe レーザに代表されるような、通常のシングルモードの CW レーザは光源として、前項で考えた、白熱灯や、放電管等の熱光源とは根本的に異なっています。実質的には、そこで放射されるビームは点光源からやってくるとみなせます。

　熱光源の場合には、空間の面積的、角度的広がりを代表して、無数の、それぞれの立体角を持つ等位相波面[1]p.14 が連なるようなモデルを想定することができますが、レーザ・ビームにおいては、その上で位相が常に一定な一つの波面により形成されています[2]p.205。

　シングルトランスバースモードのレーザは一つのビームに関しては完全に近くコヒーレントなので、ビームのどの分岐された部分同士をとっても良いコントラストで干渉を起こします。さらに、光源から放射される波は一続きになっていて、途切れずに放射されます。つまり同じ光束から分岐させて 2 光波を干渉させる際に、干渉できる範囲（コヒーレント長）が長くなることを意味しています。熱光源でのコヒーレント長は非常に短いものです。こうした性質はもちろん、様々な分野で有用な性質ではあります。

　レーザ光源による光はうまく用いれば輝度も高く、効率も良いので、プロジェクター等の照明系にも利用されつつあります。ところがこの干渉しやすさは、このレーザによって照明されてできた像には部分的、かつランダムな干渉によるコヒーレントノイズ、あるいはスペックルが発生しやすいということを意味しています。スッペクルを低減するために多くの研究がなされています。そこでのほとんどの手法は異なるスペックルを重ねていく、というものです。もし N 個の統計的に独立したスペックルが重ねられると、$N^{1/2}$ でスッペクルのコントラストは下がっていきます。こうしたスペックルの除去の問題は、新しい照明光学設計のテーマの一つでもあります[4]p.209。

　レーザ光源は外部のエネルギーを利用したポンピングにより励起します。熱力学的平衡状態では起こり得ない、反転分布（レーザ媒質中のエネルギーが高い原子の数が、エネルギーが低い原子の数を上回る状態の原子の分布）を利用したものです。反転分布媒質に弱い光が入射すると、その媒質を進むのにつれて共鳴周波数の光は増幅され、強度は強くなります。普通の媒質中では光が吸収され減衰されていくことになりますが、これとは逆のことが起こっています。これを繰り

返していけば（具体的には媒質の両端に鏡を置いて繰り返し反射させます）、レーザ光が発振されます。余談になりますが初期的には、媒質中のインコヒーレントな点光源の様にふるまう原子により、光はインコヒーレントな状態になっています。2 反射鏡の精度が高ければ、多数回の反射によりまったく同じ方向に進む光のみ生き残り、それらは等位相波面を形成します。インコヒーレントなものからコヒーレンシーが生まれる興味深いケースは、波動光学理論の解説が必要となるため本書では詳しくは扱いませんが、顕微鏡照明におけるようなインコヒーレントなタングステン光源などの熱光源を用いた照明に、干渉性・コヒーレント性が表れるような場合も含まれるでしょう（部分的コヒーレンシー：参考文献 2)、p.230、9) Ⅲ、p.53)。上記参考文献にはこうした照明系（コンデンサーレンズ）の収差が、その後段の結像レンズの分解能には影響を与えないことが示されています。

　レーザの発光メカニズムの詳細についてもこの本ではこれ以上触れませんが、その特殊性は覚えていただければと思います。

　これまでに本書では熱光源としての白熱灯などの連続スペクトル光源と、蛍光灯、ネオンランプ等に代表される不連続なラインスペクトルの光源、そして最後にレーザ光源についお話ししました。紫外線、赤外線、可視光線を主に対象とする光学の分野では、これら三種類の光源について主に考えればよろしいかと思われます。

2-3　太陽光を集光すると

　ここで太陽光発電の分野における集光光学系について考えてみます。

　地球表面で受ける太陽光の受光面単位面積当たりのパワー、つまりパワー密度を S とし、もしこのパワーをそのまま完全黒体に吸収させることができるとすれば、黒体の平衡状態の温度 T は

$$\sigma T^4 = S \quad (1)$$

というシンプルな式で表されます[7]p.34。σ は以下のステファン－ボルツマン定数です。

$$\sigma = 5.67 \times 10^{-8} \times \mathrm{Wm^{-2}\,K^{-4}}$$

　(1)式から計算すると水の沸点の少し下ぐらいの温度を得ることができます[4]p.1。この温度は温水器には適当なもので、こうした太陽からの素の集光力は大いに生かされ、実用化されています。しかしながら、より大きなスケールの目的のための電力を生み出すためには上記熱源の熱力学的効果は低いものです。実際にはより大きな温度差が必要になります。そうした値を得るためには簡潔な(1)式からわかる通り、吸収黒体上のパワー密度 S を増やすしかありません。より集光力を高めるということです。簡単に考えれば集光器に入射する光が、その入射口径と比べて、ロスなしにより小さな口径から出てくればよいのです。文字通り集光ということです。そのためにはいろいろな方法が考えられますが、レンズなどで光を集めるのも一手です。

　点像のボケ、収差の非常に小さな光学系で太陽光を一点に集められれば密度は上がり、温度はどんどん上がっていくはずです。もちろん、地球上から見る太陽には大きさがあって、平行光以外の角度成分が太陽光には含まれ、画角 ω（半画角）が発生し、焦点距離 f のレンズを使えば半径 $f\tan\omega$ の広がりを持った円形の像になり、その像は無限に小さくなる訳ではありません。しかし同じ口径で、焦点距離の短いレンズを使えば（つまり明るい F ナンバーのレンズを使えば）、像の大きさはどんどん小さくなり、密度は上がり温度も上がっていきそうです（図 2-2）。そんな過程を経て、結局、太陽表面温度の約 6000 K を超えることはできるのでしょうか？ 幾何光学的にはそこに制限はなさそうに見えます。しかしそれは不可能です。

　物理学の大切な法則にクラウジウス（Clausius）による熱力学の第二法則[21]p.30というものがあります。熱平衡状態を考えるとき、低温の物質から、より高温の

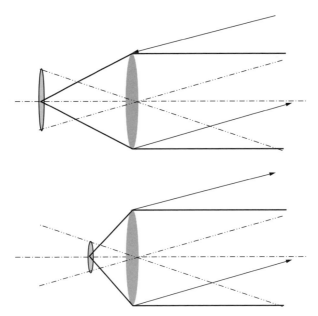

図2-2　Fナンバーが明るくなることによる集光照度の向上

物質に熱が移動することはあり得ない、とするものです。もちろんこの逆、つまり温かいものから冷たいものへは熱は移り平衡状態になるので、不可逆性についての法則と言うこともできましょう。この法則に鑑みれば、なんとかうまくやって太陽から熱がどんどんきて6000 Kに達すると平衡状態になり、今度は低い温度の太陽から、温度は吸収できなくなります。従って6000 Kを超えることはありません。しかし幾何光学的にはこの"規制"の枠組みは存在しないようにも見えますし、エネルギー保存則にも反してもいません。幾何光学にはこの不可逆であることを要請する機能はないのでしょうか？ これについてはまた後程、考えてみましょう。

　ここではもう一つ、レーザ光源に対してはこうした熱力学的な制限がないことを述べておきます。既述の通り、それは反転分布により、光源温度は負温度として扱われ、熱力学第二法則的秩序を簡単には適用できないからです。詳しくは触れませんが、非常に高温まで像密度を高めることができます。

2-4 輝度の不変性（プランクの予測による考え）

1-6、1-13 項では概念的に説明させていただきましたが、2-1 項から登場しました黒体放射の特性からも、興味深いことに輝度不変の法則が得られます。

図 2-3 のように共通温度 T の二つの、隔離され囲まれた空間があるとします。これらの空間はそれぞれ屈折率 N_1、N_2 の誘電体媒質で満たされています。それぞれの部屋を満たす黒体輻射による波長ごとの基礎的な輝度 B_v は、h をプランク定数、v を振動数、c を真空中の光速、そして k を波数、$k=2\pi/\lambda$ として、Planck の放射法則の式、

$$B_v = \frac{2hv^3}{(c^2/N^2)} \frac{1}{e^{\frac{hv}{kT}}-1} \quad (1)$$

から以下のように表されます。

$$\frac{B_{v1}}{N_1^2} = \frac{B_{v12}}{N_2^2} = \frac{2hv^3}{c^2} \frac{1}{e^{\frac{hv}{kT}}-1} \quad (2)$$

ここで二つの部屋の間に小さな穴を空けるとすると、互いにこの穴を介して放射を交換することが可能になります。しかしこのプロセスは(2)式で表された、それぞれの部屋の放射場を乱すことはできません。なぜならば、現状では同じ温度で、熱平衡状態（thermodynamic equilibrium）になっているからです。

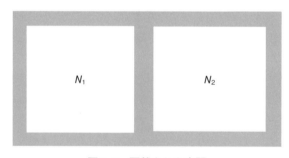

図 2-3　隔離された空間

2-4 輝度の不変性（プランクの予測による考え）

　熱平衡状態という言葉は既に前項でも、単なる均衡のとれた状態程度の意味で紹介しましたが、改めてここで考えてみます。二つの物体の間に不均衡な力が作用しておらず、二つの物体を接触させたとき化学反応による変化や、拡散・溶融・相変化等による物質の移動が生じないとき、二つの物体を、熱伝導的に接触させても熱の移動が生じない場合に、両物体は熱平衡の状態にあると言います。本項の場合では、元々隔離された二つの部屋の温度は同じだったわけですから、放射交換可能になったとしても温度は変化せず(2)式がそのまま成立することになります。

　従って左の N_1 の部屋から出た放射は輝度 B_{v1} なのですが、右の部屋に入ると(2)式を満足するために N_2^2/N_1^2 が乗ぜられて $B_{v2}=B_{v1}(N_2^2/N_1^2)$ となる必要があります。逆の方向に放射される時も同様なことが起こります。従って、明らかに(2)式の左辺、中辺の量、基本的な波長ごとの輝度は、誘電体境界面（dielectric interface）を放射が通過しても保存されます。

　それでは最初から温度 T が部屋ごとに異なる場合はどうなのでしょうか？当然(1)式によって輝度は異なることになります。しかし、輝度の接続が起こる場合、つまり熱的交換が起こる場合には、熱についての最も普遍的な性質から高温から低温へと、低い方の温度はより高温へと変化していき、等温で熱力学的平衡状態になります。そして輝度は一定になります。つまり巨視的に安定した系内では輝度は一定になると考えてよさそうです。

2-5 輝度の不変性（熱力学からの導出）

輝度不変則は、熱力学的な法則から、前項の考え方とはまた別に独立して導くことができます[12)p.502-505, 7)p.78]。

図2-4に互いに平行で無限に続く平面P、P′があります。それらは温度Tの黒体放射面でもあります。PとP′はそれぞれ屈折率N、N'の誘電体媒質に接しています。ここで$N' > N$といたしましょう。P、P′と誘電体境界面も平行とします。媒質N中で計ったPからの輝度をB、同様なP′のN'中の輝度をB'、P、P′上の発光面積を等しくdAとすれば、P面からは発光光束の微小要素として

$$d^2\phi = 2\pi B dA \cos\theta \sin\theta \, d\theta \quad (3)$$

が、回転対称な立体角への放射として得られます。ここで微小量$r(\theta)$を考えます。この量は角度θによって変化する、境界面で反射されPに戻り再び吸収される量を表しています。Fresnelの反射係数により表わされる量と考えられます。従って$1-r(\theta)$が境界面を透過してP′に吸収される量ということになります。(3)式と同様にP′からは以下の光束が放射されます。

$$d^2\phi = 2\pi B' dA \cos\theta' \sin\theta' d\theta' \quad (4)$$

ここで、Pからの場合と同様に微小量$r'(\theta)$を考えて、P面への吸収は$1-r'(\theta')$となります。熱平衡状態におけるPとP′上のそれぞれ面積dAの領域から双方向に転送される放射束は相等しくなるはずなので

$$\{1-r(\theta)\}d^2\phi = \{1-r'(\theta')\}d^2\phi' \quad (5)$$

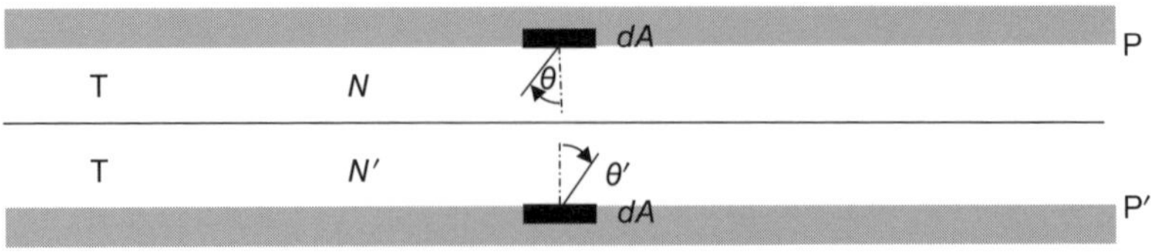

図2-4 熱力学から考える輝度の不変性

2-5 輝度の不変性（熱力学からの導出）

ここで $r(\theta)$ 関数の部分は自身の方に戻るので、上式は P、P′間で移行するエネルギー全てについて宣言していることになり（熱力学第一法則）、エネルギー保存則に則っています。よって (3)、(4)式そして(5)式より

$$\int_0^{\pi/2} B\{1-r(\theta)\}\sin\theta\cos\theta d\theta$$

$$= \int_0^{arc\ sin(N/N')} B'\{1-r'(\theta')\}\sin\theta'\cos\theta' d\theta' \quad (6)$$

と表現できます。右辺の積分の上限はスネルの屈折則から得られるもので、$\sin\theta' > N/N'$ の時、全反射現象が起き、$r'(\theta')=1$ となってしまうからです。ここで私たちはスネルの屈折則からさらに

$\sin\theta' = (N/N')\sin\theta$

と置き換えます。また上式を辺々微分して

$$\frac{d\sin\theta'}{d\theta'} = \frac{N}{N'}\frac{d\sin\theta}{d\theta}\frac{d\theta}{d\theta'}$$

となりますので、これらの式を sin について微分し(6)式に代入します。さらに微視的可逆性より $r(\theta)=r'(\theta')$ なる関係が要請されます。"微視的可逆性"というと難しいですが、ここでの場合、フレネルの反射強度計算式から屈折率の設定を同じにしたまま光線の向きを逆にしても強度に変化がないことが確認できます[2)p.42-45]。よって

$$B\int_0^{\pi/2}\{1-r(\theta)\}\sin\theta\cos\theta d\theta$$

$$= \frac{N^2}{N'^2} B' \int_0^{\pi/2}\{1-r(\theta)\}\sin\theta\cos\theta d\theta \quad (7)$$

従ってそれぞれ屈折率 N、N′の媒質内で計った輝度 B と B' の間には以下の輝度不変の関係が成立することがわかります。

$$\frac{B}{N^2} = \frac{B'}{N'^2} \quad (8)$$

第 3 章

エタンデューについて

3-1 エタンデュー、そして輝度と色温度の関係について

ここで、1-12項で取り上げた輝度の表現を取り上げてみます。微小な面積 dA からその面法線に対して θ の角度で、やはり微小な立体角 $d\Omega$ 中に $d\phi$ なる光束を放射しています。この時輝度 B は以下の如くに定義されます。

$$B = \frac{d\phi}{dA \cos\theta d\Omega} \quad (1)$$

ここで、もし屈折率 n の媒質に囲まれているのなら、上式に少し手を加えて、2-5項(8)式の形に合わせて、$B/n^2 = B^*$ を基本輝度と呼ぶことにし、便宜的に以下の表現ができます。

$$\frac{B}{n^2} n^2 dA \cos\theta d\Omega = d\phi \quad (2)$$

ここで以下の量、

$$dH = n^2 dA \cos\theta d\Omega \quad (3)$$

をエタンデュー（Étendue）と呼ぶこととします。この量を用いて(2)式は、

$$B^* dH = d\phi \quad (4)$$

と表すことができます。エタンデューに基本輝度を乗じて、この場合、面積 dA の光源から θ 方向の立体角 $d\Omega$ 内に放射される光束・エネルギー $d\phi$ が簡単に得られることになります。照明系を定量的に考える上では非常に重要な量であって、言わば光の密度を表す輝度が、その中に盛られる微小な"光の入れ物"とエタンデューを考えてもよいかもしれません。

エタンデューは微小な立体角において定義されるものですから、実際のレンズの集光角のような大きな角度についてエタンデューを用いて明るさを考えるときには、小さな立体角に適用されるエタンデューを加え合わせていかなければ、つまり積分を行わなければなりません。ここで半球状の表面に沿って(2)式を積分すると、球表面上の投影面積 dA' と半径 r によって立体角が形成されます（3-7項図 3-11 (a)）。

$$d\Omega = dA'/r^2 = \sin\theta d\theta d\psi \quad (5)$$

積分結果は

$$d\phi = B^* n^2 dA \int_0^{2\pi}\!\!\int_0^{\pi/2} \cos\theta \sin\theta d\theta d\psi = \pi n^2 B^* dA \quad (6)$$

となります。

ここでもし、dA 面が黒体輻射面で、当然ランバシアン光源であれば、半球に放射される光束を面積で割ったパワー密度は 2-3 項(1)式より

$$d\phi/dA = \sigma T^4 \qquad (7)$$

とできます。また屈折率 n 中のステファン-ボルツマン定数 σ は

$$\sigma = n^2 \frac{2\pi}{15} \frac{k_B^4}{c_0 h^3} = n^2 \sigma_v \qquad (8)$$

この真空中の値は

$$\sigma_V = 5.670 \times 10^{-8} \, \text{Wm}^{-2}\text{K}^{-4}、$$

C_0 は真空中の光速、k_B はボルツマン定数、h はプランク定数です。(6)(7)(8)式により

$$B^*_T = \frac{\sigma_v T^4}{\pi} \qquad (9)$$

と輝度が定まります。

　ここで、ちょっと細かい話ですが、(9)式における輝度と、2-4 項(1)式、プランクの放射式、

$$B_v = \frac{2hv^3}{(c^2/n^2)} \frac{1}{e^{\frac{hv}{kT}} - 1} \qquad (10)$$

における輝度との違いについて、混乱される方もおられるかもしれませんので説明させていただきます。上記(10)式と比べ(9)式には波長（周波数）に関する変数がありません。つまりこの式でのパワー密度（放射発散度）とはすべての波長に対して積分されて、合計された値であって、輝度を単波長で考えた場合、或いは積分して合成した場合の値に対して成り立っているのです。ですからここでは取りあえず B^*_T と表しています。ヴィーンの変位則によりピーク波長を求め、$f(x) = 1/(e^x - 1)$ 型の分布関数により、温度 T が定まったときの波長ごとの放射発散度の分布を計算したものがプランクの放射式にあたります。ですから、ここでの輝度は分光放射輝度と呼ばれます。

3-2 エタンデューについての更なる説明

これからいくつかの照明・集光光学系の基本的な配置（照明系設計的な見地から分類した）ごとにタイプを分けてエタンデューの保存について検討してみましょう[5)p.105]。

i) 図3-1 は最初の例です。屈折率 n_3 の自由空間で距離 r 離れた dA_3, dA_4 という面積素が存在しています。それぞれの面法線に対して互いの中心を結ぶ線のなす角度を θ_3, θ_4 とします。これらの面は別に黒体面でなくてもかまいません。この時、3から4に光が放射される時のエタンデューは（図3-1左）

$$dH_{34} = n_3^2 dA_3 \cos\theta_3 d\Omega_{34} = n_3^2 dA_3 \cos\theta_3 \frac{dA_4 \cos\theta_4}{r^2} \quad (1)$$

同様に4から3に光が放射される場合に、エタンデューは（図3-1右）

$$dH_{43} = n_3^2 dA_4 \cos\theta_4 d\Omega_{43} = n_3^2 dA_4 \cos\theta_4 \frac{dA_3 \cos\theta_3}{r^2} \quad (2)$$

よって明らかにこの場合エタンデューは双方向で等しくなります。

$$dH_{34} = dH_{43} \quad (3)$$

ここまでの導出では、互いの放射量については何も規制は考えていません。平衡状態になっていないかもしれません。従って輝度についてもまだ、わかりません。(3)式の関係が幾何的に簡単に求められたことが重要です。

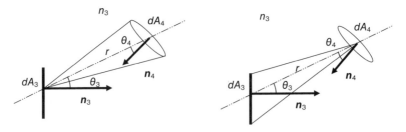

図3-1 エタンデュー（Étendue）*n* は各面の法線ベクトル

ii) 第二の場合は**図 3-2** にあります。これは上の例と光源面の配置は同じですが、系が熱平衡状態にあると仮定してみましょう（黒体放射である必要は必ずしもありません）。そうすると 3 からと 4 からの光束は相等しいことになります。$d\phi_{34}=d\phi_{43}$ です。すると 3-1 項(2)式、上記(3)式から

$$B^*_3=B^*_4 \quad (4)$$

とできます。dA_3 からと dA_4 からの放射の輝度は等しくなります。

さてここでの熱平衡状態とはどういうものでしょうか？ i) の場合には、結局、A（の面）と B（の面）が相対した時、常に A から B（の面）に放射するエタンデューと、B から A が受け取るエタンデューは等しいことがわかります。自分の変化は相手の受け取る量も、発信する量も変えてしまうのです。完全な双方向性が成立しています。ここで、A は光源で、B が照明された面素であるとすると、エタンデューに沿ったエネルギーは保存されなければなりませんので（B から A と逆向きに放射されるエタンデューを考えるとわかりやすいです）、直ちに(4)式の関係が得られます。つまり平衡状態になるのです。ここでのエネルギーの保存則からの熱平衡状態の要請は、熱力学の第一法則に則ると考えられます。

先に熱平衡を要請してしまえば、上記のように直接的に輝度の不変性が得られます。次項で応用することになりますが、A、B を黒体面と仮定して、A の温度が高いとすれば、A からより多く受け取る側の B の温度は上がるでしょう。すると輝度と色温度の関係から輝度も上昇します。A の方は熱を失いますので輝度は下がっていきます。そして互いの輝度が同じになったときに、低い温度の方から温度は奪えなくなりますので、双方、受け取り、送り出すエネルギーにバランスが戻り、安定した状態になります。これが熱平衡状態です。

A に常に熱を送り続ける、そして B から常に熱を奪い取る外部と接続された機能がある場合にのみ、動的な状態は続きます。

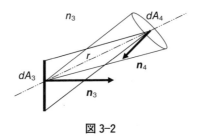

図 3-2

3-3 熱力学とエタンデューの保存について

iii) **図 3-3** の 3 番目の場合について考えてみましょう。左側に光源面積 dA_3、温度 T_3 の黒体放射面が存在し、屈折率 n_3 の右側の媒質に光を放射しています。更にその右側に面積 dA_4 と dA_5 があり、その間に光学機器 Op が存在しています。この光学機器によって dA_3 からの光線の向きを変え、dA_5 に導きます。ここで dA_5 も温度 T_5 の黒体放射面と考えます。この温度 T_5 は光源 dA_3 との放射交換結果に依存しています。dA_5 もその色温度に応じた放射を行っており光学系 Op はここでの放射光線の方向も dA_3 の方へと変化させていると考えられます。

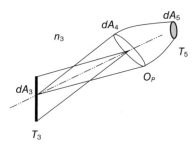

図 3-3

熱力学の第二法則において、その言わんとすることは、ある物体から、より温度の高い物体に熱が転移することはあり得ない、というものです（Clausius による要請）。この熱力学第二法則は dA_5 と dA_3 にそれぞれお互いを超えないという最大温度を規定します。すなわち $T_{5max} = T_3$ となります。そのため、輝度についても dA_5 における B_5^* は決まってしまいます。それは温度と輝度は(5)式にあるように関係付けられるからです。

$$B^* = \frac{\sigma_V T^4}{\pi} \qquad (5)$$

限界の状態では系は熱平衡状態になり、$T_5 = T_3$ となり、従ってやはり(5)式から $B^*_5 = B^*_3$ を得ます。さらに前項(4)式の表現から

$$B^*_5 = B^*_4 = B^*_3 \qquad (6)$$

の輝度不変の関係が得られます。

Ⅳ) 4番目のケースとして**図 3-4** をご覧ください。温度 T_1 の黒体放射面積 dA_1

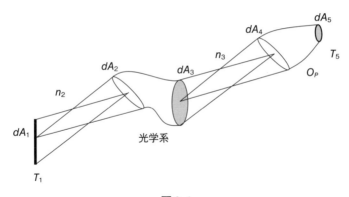

図 3-4

が屈折率 n_2 の媒質中にあるとします。ここからの放射は光学系の入射面にあたる面積 dA_2 によって補足されます。この光学系の射出面積は dA_3 です。この光学系と交わった後、光は屈折率 n_3 の開口 dA_3, 開口 dA_4 区間を進みます。そして dA_4 を入射開口とする光学系 Op によってその射出開口 dA_5 に光は方向転換されます。dA_5 は温度 T_5 の黒体吸収面です。すると iii) の場合と同様に、熱力学第 2 法則により $T_{5max}=T_1$ として平衡状態になり $B^*_1=B^*_5$ とできます。そうするとすべて区間で平衡状態にならないとつじつまが合わないので、ii) の場合と同じ議論により $B^*_1=B^*_2$ という結論を得ます。また、dA_3、dA_4、dA_5 間にも平衡状態が成立していますので、$B^*_3=B^*_4=B^*_5$ です。従って、

$$B^*_1=B^*_2=B^*_3=B^*_4=B^*_5 \quad (7)$$

と全系を通じて輝度が保存されることが導けます。

熱平衡状態では dA_2 に向かい dA_1 が放射する光束 $d\phi_{12}$ は、dA_2 から dA_1 に向かうものと同じです。すなわち $d\phi_{12}=d\phi_{21}$。dA_2 と dA_3 の間の光学系は、dA_2 において dA_1 からの光束 $d\phi_{12}=d\phi_{21}=B^*_2 dH_{21}$ を受けます。また、dA_3 を出て、dA_4 に向かう光束は $d\phi_{34}=B^*_3 dH_{34}$ となります。もし光束が $d\phi_{12}=d\phi_{34}$ として保存されるのであれば、基本輝度は保存されているので光学系内でエタンデューは保存されて

$$dH_{21}=dH_{34} \quad (8)$$

とできます。これは dA_2 面から光学系に入った光のエタンデューと dA_3 から出ていく光のエタンデューは等しいことを表しています。

3-4　大きな枠組み

　2-3 項においては、幾何光学を単に光線一本一本の挙動を示す理論とだけとらえると極度に集光可能にみえる熱光源の光も、熱力学の観点からは、その第二法則により制限が設けられることを述べました。また輝度の不変性についても前項 3-3 項で熱力学第二法則を用いて導出ができました。

　輝度不変性は 3-2 項においても触れました通り、エタンデューの保存を前提としたエネルギー保存則によっても得られます。この時には黒体面の仮定も、熱光源の仮定も、熱平衡状態の要請もいりません（つまり熱力学第二法則の要請もいりません）。この場合、問題になるのは光学系が複雑になるとそこを通過した後のエタンデューが簡単な幾何では計算できないことです。ただこの問題の解決も全く可能で、参考文献 1) p.96 ではフェルマーの原理を用いて光学系通過後のエタンデューの保存を導いています。

　やはり前項の手法は、熱力学第二法則により熱平衡状態を想定し、いきなり輝度不変則が得られてしまうところに魅力がありますし、被照明面が熱せられ、そこから改めて発せられる輝度を考える場合には重要な法則となります。ただ、幾何光学的に理論上では光学系による極端に高い像面照度を得ることは可能なので、黒体面上での熱力学第二法則による温度上昇についての制限とは相容れない矛盾を含んでいるような気もします。2-3 項の太陽集光の場合にも、これに似た要請が起きていることになります。そこで、こうした熱力学的な考え方と幾何光学的考え方の関係を見てみましょう（**図 3-5**）。

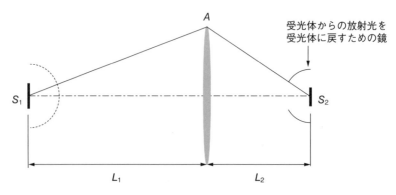

図 3-5　黒体温度の計算

光源面積を A_1、そのレンズによる結像の大きさを A_2 とします。光源からレンズまでの距離を L_1、レンズから像までの距離を L_2、レンズの開口面積を D としましょう。像は黒体表面に形成されるとします。光は吸収されここでの温度 T_2 が上昇していきます。光源の温度は一定に T_1 とします。すると 2-3 項(1)式からそれぞれの面での放射発散度 $S(T_1)$、$S(T_2)$ が決まります。そして光源からは半球空間［立体角：2π（1-10 項(4)式参照）］に放射される全放射束の中、レンズに張られる立体角分だけ光学系を通過しますので、その放射束を考えます（(1)式左辺）。またここで黒体が徐々に熱せられて、放射発散度が $S(T_2)$ になっていきますが、ここからもエネルギーの放射が起きることになります。この時の放射と黒体が受け取る放射束がバランスしている限界点、平衡状態を考えますと

$$A_1 S(T_1) \frac{1}{2\pi} \frac{D}{L_1^2} = A_2 S(T_2) \quad (1)$$

の関係が成り立っています。ここで結像横倍率[1]p.40 から

$$A_2/A_1 = (L_2/L_1)^2 \quad (2)$$

の関係があり、(1)式は

$$\frac{S(T_1)}{S(T_2)} = 2\pi \frac{L_2^2}{D} \quad (3)$$

となります。右辺は黒体面が取り込める全立体角を実際に取り込みに用いている立体角で割ったもので 1 以下の値になることはありません。従いまして、

$$S(T_1) \geq S(T_2) \quad 、 \quad T_1 \geq T_2 \quad (4)$$

となり、黒体は光源の温度を超えることはできません。幾何光学的には確かに非常に集中した高い照度を黒体上にもたらすことは可能です。（最高の光学系による集光状態は取り込み立体角 2π のときです。180 度の開き角の光束を平面に取り込むのは不可能なので、図にあります放射光とその周りを、光線からの光を遮らないようにして、囲む鏡でなんとか折り返し戻している場合に相当します。その場合に(4)式の等号が成立します。）しかし黒体の温度上昇に関して考えると、幾何光学的には必然性のない、受光体自身も放射するという現象を考えなければなりません。因みに 2-2 項で考えた単独の波面が放射されるレーザ光源の場合には(2)式の結像関係は成立せず、L_2/L_1 に無関係に像を回折限界まで小さくすることが理論的には可能で、(1)式において直接 A_2/A_1 が重要になり、(4)式の結果は得られません。

3-5 近軸領域におけるエタンデュー

ここからこれまでの照明コンセプトを実際の照明系、集光系設計に運用できる形で検討していきましょう。ここで、$a^2\theta^2$ という量を取り上げます（図3-6）。これまでお話しした、エタンデューの光軸に近い領域で成立する、よりシンプルな近軸近似版です。ですから、これは照明系により受け入れられるパワーの最も初歩的な物差しとなるものです。a は入射面の半径、θ は受け入れ角の半角です。回転対象系の近軸近似においてはこの量は光学系を通じて不変な量となります。

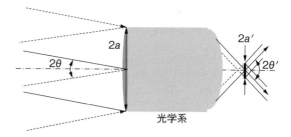

図 3-6　集光系

ここで、屈折率 =1 以外の媒質においての理論を考える場合、それはレンズやプリズムの内部のような"界"においてですが、不変量は $a^2\theta^2n^2$ となります。こうなる理由は図 3-7 に示されています。そこには屈折率 n の平行平面板に角度 θ で入射するビームが描かれています。近軸領域での Snell の屈折則、$n\theta=n'\theta'$ によりガラス内部の角度 θ' は θ/n となります。また、この界での近

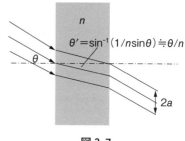

図 3-7

軸エタンデュー（pxH）はその前の界においても保存されます[1)p.32]。よって
$$pxH=a^2\theta^2=n^2a^2\theta^2/n^2=n^2a^2\theta'^2 \quad (1)$$
となります。近軸領域内では $\cos\theta \approx 1$ と近似できますので、エタンデューの定義、3-1項(3)式のまさに近軸領域のものであることがわかります。あえてここで、近軸理論でお話ししているのは、そうすることによりやはり近軸領域で定義される焦点距離、結像倍率等々の近軸量を考えるときに、これらは光学系の基本となる重要な量ですが、それと同じ理論範囲で見通し良く、こうした明るさの検討ができるからです。近軸理論においては、光線収束の誤差、収差も発生しないのです。

さて、ここでの近軸エタンデュー（ヘツムホルツ－ラグランジュの不変量、5-

3-5 近軸領囲におけるエタンデュー

5項を御参照ください。）を用いて、図3-6の照明系の集光能力比の上限を表すとすれば、以下のようになります。ここで、複数のコンポーネントからなる回転対称な集光系を考えます。入射面の半径を a（図3-8にあるようにこれは

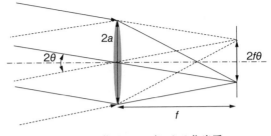

図3-8　1枚のレンズによる集光系

レンズで構成された集光光線の第1レンズのリム径かもしれません）とし、その内部に光束を制限する開口絞りを備えています。入射平行光束は射出時に平行になっていなくてもなっていてもかまいません。結果には違いはありません。ですが話を簡単にするために半径 a' の射出面から様々な角度の平行光束として射出することといたしましょう。そのため、2-3項よりこの場合、集光比は発光と受光の面積比として $(a/a')^2$ となります。もし光学系が空気中に存在するとして、エタンデューを仲介して考えれば、$(\theta'/\theta)^2$ とできます。幾何的な制約から明らかなように θ' は90度を超えられませんので、集光比の上限は $(\pi/(2\theta))^2$ と考えることができます。

　しかしよく考えてみますと、集光限界を考える場合には役立ちますが、そもそもこの議論には問題があるように見えます。それは90度と、角度が近軸領域から大きく逸脱しているからです。実はこのように近軸不変量を簡単に90度まで拡張して考えることはできません。従って、そこから集光限界を導くことはできません。実際には、近軸領域を超えて収差（5-4項）の効果により近軸領域のエタンデューはその領域外では保存されません。それに仮に3-1項のより一般的なエタンデューで考えるとしても、入射開口上の面積、角度が光学系を通過することによって不連続になったり、歪んだりすることも考えられ、大きな面積、角度についてそのままエタンデューを求めることはできません。しかし、光軸から離れた領域の光線においても、そこでの微細なエタンデュー保存を一般化することはできるのです。ですから微小なエタンデューに分割して積分をして総エタンデューを求めなければなりませんし、そうしたことが可能であり、そこから興味深い事柄もいろいろ導けることになります。

　このコンセプトは、回転対称系であってもなくても、反射系にでも屈折系にでも、また媒質の屈折率が一定であってもなくても適用することができるのです。

3-6　一般化されたエタンデュー、位相空間コンセプトについて

エタンデューについて更に考えてみましょう。さてここで、図3-9にありますように屈折率nとn′の界を考えます。さらに、入射界にある点Pと、射出界にある点P′の間で厳密な光線追跡を行ったとします。ここで、Pが少し動いたり、Pからの光線の角度が少しずれたりした場合の影響について考えましょう。この変化は光線によるビームの断面と、角度的な広がりをもたらします。この解析を進める上でo、x、y、zの直交座標系と相対する界で$o′$、$x′$、$y′$、$z′$の直交座標系を定義しましょう。

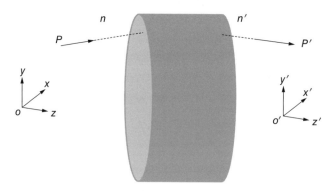

図3-9　エタンデューを考えるための座標系

これらの座標の原点は、お互いの界に対して、そして光線の方向について、またもちろん中間に存在する光学系の位置に対してもまったく任意で構いません。我々はPからの入射光線を位置的にはP(x, y, z)、角度的には、x、y、z軸と光線がなす三つの余弦($\cos\alpha$、$\cos\beta$、$\cos\gamma$)であるところの、方向余弦(L, M, N)として特定しましょう。射出界についても同様の特定が可能でしょう。さらにPが少し動いたとして、その位置的なずれをそれぞれの元の座標に対してdx、dy、光線の方向も少し動いたとして、その角度についてのずれをdL、dMと表します。従ってdx、dyで表されるビームの断面積、dL、dMで表されるビームの広がりを得ることができます。y方向の絵としてこの事情は図3-10に描かれています。これに対応した量、$dx′$、$dy′$そして$dL′$、$dM′$も射出界に定義できます。ここでこれまで考えてきた前項(1)式で表された近軸領囲内での不変性をそのま

3-6 一般化されたエタンデュー、位相空間コンセプトについて

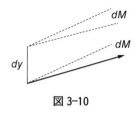

図 3-10

ま受け入れれば、この項でのそれらの入射界、射出界での不変性は以下の(2)式のように表されます。ただ、ここでの諸量は確かに、お互いの関係において微小量なのですが、光軸から計った微小量ではありません。ですから近軸量ではなく、前項(1)式の場合と異なります。そのため保存されるのかどうか本当はわかりませんので、今のところ等号は付けません。

$$n^2 dx dy dL dM \Leftrightarrow n'^2 dx' dy' dL' dM' \quad (2)$$

(2)式は光学系通過後のビーム断面の大きさの変化、角度広がりの変化を表していますが、3-1項(3)式におけるエタンデューそのものとは少し角度についての表現が異なっています。もしエタンデューというものを制限する開口絞りが入射界に存在するとして、そのほかのどこにもビーム幅を制限する絞りが存在しないとすれば、受け入れられた光のパワーはそのまま射出界に表れるので、一般的に規定されたエタンデューというものはビームに沿って伝播するパワーの正しい基準、ものさし、升、であることがわかります。

この(2)式における、一般化されたエタンデューと目される量が、ある媒質において座標の移動、回転について本当に不変であることは、それを証明するのに難しいことではありません。次項をご覧ください。また、一般化されたエタンデューは方向余弦について $p=nL$、$q=nM$ として

$$dx dy dp dq \quad (3)$$

なる4次元位相空間におけるフォームで表現されることもあります。この表現はよく見れば(2)式とまったく同じものを表していることがわかります。

3-7 位相空間とエタンデューの保存

前項に登場した一般化エタンデューの保存についてここで説明させていただきます。少しややこしい表現ですが、こうした位相空間で照明を考えることで新しい設計手法のヒント、理論的展開の可能性が見えてくるかもしれないのです。

さて、ここで、前項と同様に光線の方向余弦 $\cos\alpha$、$\cos\beta$、$\cos\gamma$ を考え、新たに p_y、p_z として以下の量を考えます。

$p_y = n\cos\alpha$　　(1)

$p_y = n\cos\beta$

さらに、光線進行方向を、x 軸となす角度 θ と y-z 平面内に投影される方位角 ψ で表すとすれば、(1)式は簡単な幾何から（図 3-11（a））

$p_y = n\sin\theta\cos\psi$　　$p_z = n\sin\theta\sin\psi$　　(2)

と置き換えられます。ここで、微小な一般化運動量の変化を、微小な極座標の変化に公式を用いて積分変数変換[15]p.69 すれば（この原理については、7-4 項で説明します。）

$$dp_y dp_z = \left|\frac{\partial(p_y, p_z)}{\partial(\theta, \psi)}\right| d\theta d\psi$$

$$= \left|\frac{\partial p_y}{\partial \theta}\frac{\partial p_z}{\partial \psi} - \frac{\partial p_y}{\partial \psi}\frac{\partial p_z}{\partial \theta}\right| d\theta d\psi \quad (2.5)$$

$$= n^2 \sin\theta\cos\theta\, d\theta d\psi \quad (3)$$

θ、ψ により表現される微小な立体角 $d\Omega$ を考えれば

$d\Omega = \sin\theta\, d\theta d\psi$

なので（図 3-11（b））、

$dp_y dp_z = n^2 \cos\theta\, d\Omega$　　(4)

ところが 3-3 項(8)式等より、同(8)式における形式のエタンデューは保存され（参考文献[1]p.96 にも別途、熱力学的法則を用いない、フェルマーの原理を用いた導出が出ています）

$n^2 dS\cos\theta\, d\Omega = const.$　　(5)

であり、また微小面積 $dS = dydz$ と考えられるので

$dydzdp_y dp_z = const.$　　(6)

の関係が得られます。結局、座標 (y, z, p_y, p_z) で決まる位相空間内の 4 つの点が、x の変化と共にその座標を変化させようとも、この 4 点で決まる位相空間内の微

3-7 位相空間とエタンデューの保存

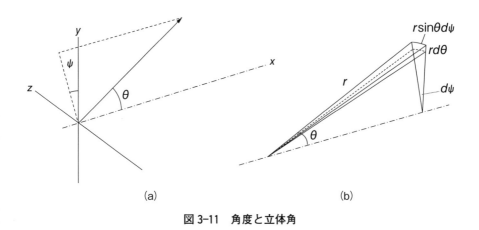

図 3-11　角度と立体角

小な体積（この場合、一般的なエタンデュー）に対して、それが不変であるという(6)式の関係が成立します。そして 3-6 項(2)式が等式で結ばれることになります。

ちなみにこの位相空間内の体積の不変性はリュービルの定理により独立して証明されます[15)p.70]。またここでの物理的位相空間（phase space）は力学系の状態を記述するために考えられた空間のことです。系の力学的状態は位相空間内の 1 点で代表され，力学系の運動に対応して，代表点は時間とともに位相空間の中を移動することになります。数学でいう位相空間（topological space）とは異なります。

第3章　エタンデューについて

3-8　エタンデューで考える集光比

　ここで、改めて 3-5 項図 3-6 で考えたようなコンセントレータ（集光器）入射面と射出面でのエタンデューの保存を考えましょう。

$$n^2 dS \cos\theta d\Omega = n'^2 dS' \cos\theta' d\Omega' \quad (1)$$

3-1 項で述べたように、(1)式の表すエタンデューの保存は微少面積、微少立体角について限定されて成立するものなので、ここで開口全体、立体角全体に対する積分を辺々に施します。微少角度 $d\theta$、$d\psi$ を導入して 3-7 項図 3-11 と同じように立体角からは r が消えて以下のようにできます。

$$d\Omega = \sin\theta d\theta d\psi$$

よって積分は、α、α' を最大角度として

$$n^2 \int \iint_0^\alpha \sin\theta \cos\theta d\theta d\psi dS = n'^2 \int \iint_0^{\alpha'} \sin\theta' \cos\theta' d\theta' d\psi' dS' \quad (2)$$

となります。ここで(2)式の積分を行う際に考えなければならないのは両辺の積分変数の線形性です。左辺の微小立体角や微小面積の変化に際して、それらに対応する右辺の量が大きく非線形に動くようでは、積分結果は正しくなりません[19]p.64。結像光学系における正弦条件を求める際に上記、エタンデュー保存の式（クラウジウスの関係）は積分されますが元々、微小面積は一定と仮定されていて（それがコマ収差[1]p.84 のない条件ですので）、瞳収差[1]p.117（7-10 項）が格別大きくなければ立体角も線形に推移すると考えられ、問題はありません。しかしここでは結像関係も起きていませんし、右辺の dS'、$d\theta'$ はかなり自由な状態になっています。一般的に考えて照明系におけるエタンデューの積分が実行しにくいのはこうした理由によります。

　仮に以下の条件が成立するとすれば、(2)式の積分は可能となります。
1) dS' における照度が等しい（積分に際し、細い光束内の放射束は一定に保たれますので、そうしますと dS' が一定だということになります。）
2) 射出面上の総ての点からミラーを通して見た入射開口（光源）に対して張る角度が等しい（微小立体角の線形性を言っています）

　これら条件が成立しているとして(2)式の積分を実行して整理すれば

$$n^2 S \sin^2\alpha = n'^2 S' \sin^2\alpha' \quad (3)$$

それゆえ集光比は、改めて α を θ と置き換えて

$$C = S/S' = (n'^2 \sin^2\theta')/(n^2 \sin^2\theta) \quad (4)$$

この結果において射出開口が、その存在する平面に到達したいかなる光線も通過することを可能とするほどに十分に大きいと考えられていて、また角度 θ' はすべての射出光線の光軸のなす最大の角度であります。この角度は $\pi/2$ を超えることはできません。よって集光比上限は

$$C_{\max} = n'^2/(n^2 \sin^2\theta) \qquad (5)$$

となります。

(5)式は達成できるか、できないかはわかりませんが上記仮定を踏まえたうえでの集光比の最大値を表しています。媒質による光の吸収、あるいはミラーの反射率の不完全さを無視したとしても、受け入れ可能角度、可能瞳径内にとどまっているにもかかわらず、(5)式で考えられている射出口径から射出できない光線も、いくつかは見つけることができます。またいくつかの光線はこれまで述べたように、内部反射で元方向に戻ってしまっているかもしれません。それらにより集光比が下がることも考えられます。しかしそれにもかかわらず、やはり(5)式が集光比の理想的な上限を表す重要な式であることに変わりはありません。

実際にこうしたロスは3次元的に検討しても、そう大きくはないものなのです(6-5項)。また、こうした仮定を前提に、コンピュータ・シミュレーションの検証力も借り[4]p.67、厳密さをある程度犠牲にしても、ダイナミックに理論展開していくところが第4章から登場する"ノンイメージング・オプティクス"の特徴でもありましょう。いろいろな理屈が動き出してきます。これから本書においても検討しますエタンデューについてのダイナミックな、かつ有用な計算結果についても、そうした、この設計理論の特徴を知ることによって、より理解が深まる面もあります。

3-9 スキュー不変量

回転対称共軸光学系において、スキュー光線の光路に関連付けられた不変量が存在します。非常に興味深く、また立体的に照明光を考える場合に便利な理論[6)p.84]なので（本書の別の部分でも応用できます）ここで、紹介させていただきます。

S を光線から光軸まで測った最短距離（結局、光軸から光線への垂線）、θ をこの光線と光軸のなす角度とします。このとき、

$$h = nS\sin\theta \quad (1)$$

は屈折率がそれぞれで一定な部分により構成された光学系全系を通じて保存量、不変量となります。

ここで図 3-12 にあるように光軸に対して回転対称な光学系を考え、その物界に光線 r を考えます。光軸と光線の為す角度は θ です。そして r 上に点 P を置きます。光軸と光線 r の最短距離を結ぶ長さ S の線分 OP を設定します。この時この線分は光軸、光線 r 双方に直交していることになります。そして光軸を中心に微小角度 ε、光線ごと回転させます（図 3-13）。P は光軸を底面半径 r の円柱表面を微小量移動します。移動後の点 P を Q とします。Q を通る r の近隣光線 r_1 が存在することになります。また P から r_1 に垂線を下し、その交点を R とします。ここで設定はひと段落なのですが、さらにこれら光線が光学系を通過して像界に達している場合を考えます。そこには r、r_1 に考えたのと同じ様な関係で r′、r_1′、P′、Q′、R′そして諸量、S'、θ'、ε' が存在するでしょう。まず PP′の経路と QQ′はただ光軸を中心に回転しただけですので光路長（1-3 項）を考えて

$$[PP'] = [QQ']$$

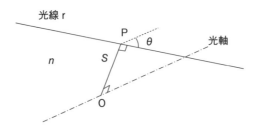

図 3-12 スキュー不変量を考えるための基本量

3-9 スキュー不変量

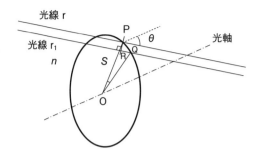

図 3-13　光軸を中心とした回転

ここで、線分 PR、そして角度 ε が微少であれば像界における P′R′ も 2 光線に直交していると考えられるので、

　　　[PP′]＝[RR′]

よって

　　　[RR′]＝[QQ′]

また、図 3-14 にあるように光線の角度 θ の変化により光線が含まれる平面はそれぞれ P、Q で光軸上の点 O を中心とする半径 S の円に接することになります。しかし、もし ε が十分小さければ、P、Q を含む 2 平面は同一平面上にあると考えることができます。すると図 3-15 にありますように、∠QPR＝θ と見なせて、

　　　$\overline{PQ}=\varepsilon S$　　　,　　　[RQ]＝$n\overline{PQ}\sin\theta$

とでき、以下の結果が得られます。

　　　$(n'S'\sin\theta')\varepsilon=(nS\sin\theta)\varepsilon$　　　(2)

よって(1)式の量が保存されることがわかります。

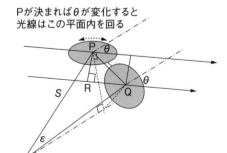

図 3-14

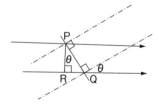

ε が小さければ図3のP、Qを中心とする円は同一平面上にあると見なせる

図 3-15

第3章 エタンデューについて

3-10 輝度を上げる

　輝度不変則についてお話ししました。そこで、輝度を高めるためには輝度の高い光源を用いるしかないということにもなりました。たしかに輝度アップのために新しく投入される光線の光路を、それまでのものとまったく同じにできれば輝度を上げることはできるかもしれません。しかしこれが難しいのです。ハーフミラーを用いても結局、プラスするエネルギーの分は分岐してしまい所望の方向への輝度は上がりません。ところが、上記は干渉性のない照明光源としては一般的なインコヒーレントな光源で考えた場合で、もしレーザなどの干渉性の高い光源（位相がはっきりとした）を用いれば事情は変わってくるのです。

　例えば一つの方法は図3-16のように、薄い半透明な平行平面板で光を分岐させることです。この時、実は反射光と透過光の間の位相差は $\pi/2$ ラジアンになります（図3-17）。すると①方向への光波をもともと②方向への波動に比べて $\pi/2$ 位相を進めて置けば反射と透過の位相差は $\pi/2$ ですので、①方向への光波の位相は $\pi/2$ と $\pi/2$、つまり位相差0、②方向へは位相差 π となります。①方向へは強め合い、②方向へは波動は消滅します。エネルギーは保存されますので、も

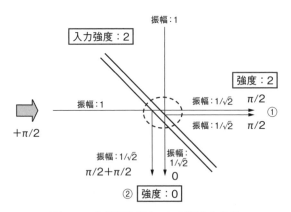

図3-16　平行平面板による光波の分岐

ともとの光源からそれぞれ1毎のエネルギーが出ていれば1方向には2のエネルギーが進むことになります。エネルギー的に考えれば当たり前の話なのですが、この初期の位相差が明確に設定でき、なんの狂いなくレーザが発信し続けられれば、レーザを増やした分だけ直列的に輝度も上がっていくことになります。素晴らしいことですが、理屈の上で可能でも実際には精度高く位相関係を一定にすることは、同期して発信することは、特にエネルギーの高いレーザ光源で行うことは難しく現実的ではないようです。

　余談的ではありましたが、ただここでは輝度を光源を繋げて上げる方法も理屈上とは言えあり得る、ということを知っておいていただければと思います。そして、ここでは半透明という、あいまいな表現をしましたが、たとえば、平行板の透過率80％、反射率20％などの任意の割合を設定しても、ここでの考え方によって①方向への輝度の上昇を確認できます。

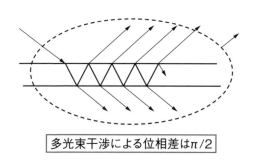

多光束干渉による位相差はπ/2

図 3-17

第 4 章

測光学的な法則

4-1 任意の形状の光源のもたらす照度

この章では照明系における明るさについての基本的な法則について、説明させていただきます。

微小光源面積 dS と dS'、そしてそれぞれの面の法線と、互いの面中心同士を結ぶ長さ r の線分とのなす角度を、**図 4-1** にあるようにそれぞれ定めます。すると、それぞれの面中心からそれぞれに向かい合う微小面積に張る立体角は、

$$d\Omega = \frac{dS' \cos \theta'}{r^2}、\qquad d\Omega' = \frac{dS \cos \theta}{r^2} \quad (1)$$

従ってこれらの式から、r^2 を消して

$$dS \cos \theta \, d\Omega = dS' \cos \theta' \, d\Omega' \quad (2)$$

となります。**図 4-2** のようにそれぞれに向かう光線を書き入れると、光源と受光面の役割を入れ替えても方向は変化しますが、光線経路は変化しないことがわかります。

ここで、光源がこのように輝度 B で一様に光っているとすれば、受光面積 dS' に到達する光束 $d\phi$ は

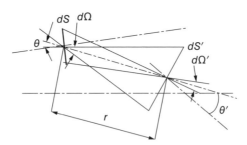

図 4-1 光源面と受光面の角度と立体角

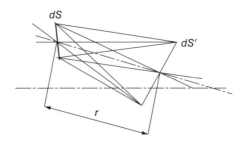

図 4-2 光源面と受光面を結ぶ光線

$$d\phi = BdS\cos\theta d\Omega$$

(2)式から放射束は一定となり、

$$d\phi = BdS'\cos\theta' d\Omega'$$

微小受光面上の照度 dE' を考えれば、

$$dE' = \frac{d\phi}{dS'} = B\cos\theta' d\Omega' \quad (3)$$

となります。従って微小光源面が連続的に多数存在してそれらが dS' を照らす場合にはそれぞれの光源面に等微小立体角 $d\Omega'$ を張るように光源面全体を細分化して(統合光源面が平面である必要はないのです。(3)式には輝度と、立体角と、そして受光面から光源素を見込む角度しか表れていないので)上記受光面上の照度は

$$E' = \int B\cos\theta' d\Omega' \quad (4)$$

として微小立体角で積分する形で得られることになります。被照明面照度は光源の形状の細かい違いには依存せず、光源を見込む角度と輝度分布ですべてが決まってしまうことになります。

もし輝度が一様な光源であれば

$$E' = B\int \cos\theta' d\Omega' \quad (5)$$

と、より簡潔な形になります。もし最大見込み角 α の場合の円盤光源面を考えれば、これは、その曲率中心に微小受光面積を持つ、半径 P の球表面を見込み角 α で丸く切り取った光源を考えるのと等価であるので、**図 4-3** にあるように

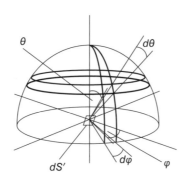

図 4-3　立体角の設定

微小角度を設定して、(5)式を解きます。立体角については、小円の半径 q は
$$q = P \sin \theta'$$
なので、(1 rad は半径 1 の円周から長さ 1 の円弧を切り出す、中心から張った角度であるので)
$$d\Omega' = \frac{P \sin \theta' d\varphi \cdot P d\theta'}{P^2} \quad (6)$$
です。従って(5)式は以下のように表せます。
$$\begin{aligned} E' &= B \int_0^{2\pi} \int_0^{\alpha} \cos \theta' \sin \theta' d\theta' d\varphi \\ &= B \int_0^{2\pi} d\varphi \int_0^{\alpha} \cos \theta' \sin \theta' d\theta' \\ &= 2\pi B \left[\frac{\sin^2 \theta'}{2} \right]_0^{\alpha} \end{aligned}$$
従って、
$$E' = \pi B \sin^2 \alpha \quad (7)$$
となり、一様な輝度と、見込み角 α にだけ依存することになります(**図 4-4**)。

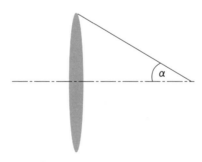

図 4-4 射出瞳を見込む角度 α、そして NA について

4-2 光学系の明るさ・NA について

ここで、レンズなどの光学系の結像の明るさの表現について考えます。被写体が非常に遠方にある場合の、レンズの明るさ（集光力）を表す指標の一つにFナンバー[1)p.54]というのがありますが、ここでは照明系を考える場合に適した、より汎用性のある指標について触れさせて頂きます。

さて、前項図4-4において、ここでの見かけ円盤状の光源を光学系の射出瞳とみなせば、そのまま4-1項(7)式は像面上中央の照度を表します。ここで物界の輝度を B_0 と表し、物界、像界の屈折率をそれぞれ n, n' とすれば、物界と像界の輝度については

$$B = \frac{n'^2}{n^2} B_0 \quad (8)$$

の関係がありますので、(7)式は

$$E' = \pi B_0 \frac{n'^2 \sin^2 \alpha}{n^2} \quad (9)$$

となり、物界における光学系に入力される輝度の関数として像照度が得られます。Numerical Aperture（NA）、開口数という概念、

$$NA = n' \sin \alpha \quad (10)$$

を用いると(9)式は以下のように表せます。

$$E' = \frac{\pi B_0}{n^2} NA^2 \quad (11)$$

この式より、NA が直接、像の明るさを表す指標であることがわかります。

光源と像の役割を入れ替えた場合には（共役結像関係により可能である）、物界の方にも同様に開口数 NA_0 が考えられます（**図4-5**）。

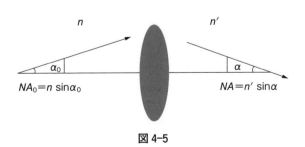

図4-5

$$E = \frac{\pi B}{n'^2} NA_0{}^2 \quad (12)$$

(11)式を(12)式で割れば、

$$\frac{E'}{E} = \frac{\pi B_0}{n^2} \frac{n'^2}{\pi B} \frac{NA^2}{NA_0{}^2}$$

従って

$$\frac{E'}{E} = \frac{NA^2}{NA_0{}^2} \quad (13)$$

この場合、物界、像界における光束 ϕ は不変ですから、共役関係にある物体と像の微小面積を da、da' とすれば、β を結像の横倍率[1]p.33 として

$$\frac{E'}{E} = \frac{\phi}{da'} \frac{da}{\phi} = \frac{1}{\beta^2} \quad (14)$$

なので、以下の様に物界と像界の NA は横倍率を介して結ばれます。

$$\frac{1}{\beta^2} = \frac{NA^2}{NA_0{}^2} \quad (15)$$

4-3 照明系設計の簡単な法則など

●放射照度の法則（図4-6(A)(B)）

点光源が放射角度に対し均一な強度 I を示すと考えれば、距離 L、光源法線方向の面積 S における照度 E_0 は、S に達する光束を ϕ として、

$$E_0 = \frac{\phi}{S}$$

であり、光度の定義から S に張る立体角を Ω として、

$$I = \frac{\phi}{\Omega} = \frac{\phi}{\left(\dfrac{S}{L^2}\right)}$$

ですからこれら2式から、

$$E_0 = \frac{\Omega}{S} I = \frac{I}{L^2} \quad (1)$$

となります。ここで、光軸に対して S が角度 θ 傾いていると考えます。この場合 S が L に比べて十分小さければ、光源から見て S は $\cos\theta$ 分程小さく見え、

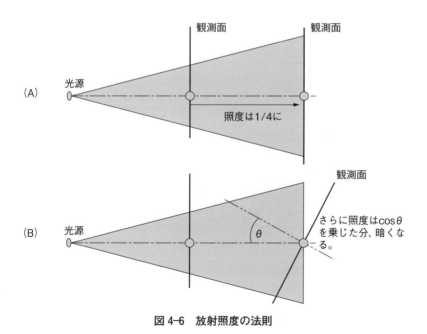

図4-6　放射照度の法則

このときの立体角 Ω' は

$$\Omega' = \frac{S\cos\theta}{L^2}$$

ですので(1)式より、

$$E = E_0 \cos\theta \quad (2)$$

となります。(1)式は、光源からの距離の2乗に反比例して受光面における放射照度が落ちていくことを、すなわち"放射照度の逆2乗則"を表し、(2)式は「放射照度は受光面法線と光源の方向がなす角度の余弦に比例する」と言う、"放射照度の余弦則"を表します。測光量についても同様の法則が成り立ちます。

また、面積 ds の、上述の完全拡散面光源（輝度 B）でこれに平行に相対する平面を照明した場合（**図 4-7**）には面光源の鉛直方向の面積 dP における照度 E_0 は

$$E_0 = B\frac{dP}{L^2} ds \frac{1}{dP} = B\frac{ds}{L^2} \quad (3)$$

光源面と角度 θ をなす方向の被照明面上の同様の照度 E は、ds 同様、dP も歪んで見えて、

$$E = B\frac{dP\cos\theta}{\left(\dfrac{L}{\cos\theta}\right)^2} ds \cos\theta \frac{1}{dP} = B\frac{ds}{L^2}\cos^4\theta \quad (4)$$

従って

$$E = E_0 \cos^4\theta \quad (5)$$

の関係になります。もし完全拡散面光源ではなく、面法線に対する角度 θ 方向へ

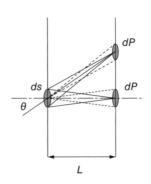

図 4-7　向かい合う平面上の照度

の光度の、中心方向（$\theta=0$）への光度との比が $I(\theta)=I_0/I_\theta$ であるような光源を用いれば、k を比例定数として、

$$E_0 = kI_0 \frac{dP}{L^2} ds \frac{1}{dP} = kI_0 \frac{ds}{L^2} \quad (6)$$

ここでは、光源は面積を持っているのでどうしても光度を面積的な広がりと結び付けなくてはなりません。ごく微小な面積から射出する光の立体角度毎の光束の分布を考えれば、それは光源を無限遠においた時の厳密な光度（放射強度）分布と同じプロポーションを持つでしょう。その光度分布が光源面上の各微小部分で一定に保たれているとすれば、上記の光源微小面積と単位面積との比を k として全面積 ds、そして立体角に乗じることにより、全光束が得られます。さて、軸外については、光源の面積だけが問題になるので $\cos\theta$ の効果を考える必要がなくて（光度は光源の見た目の面積に影響を受けません）、

$$E = kI_\theta \frac{dP\cos\theta}{\left(\dfrac{L}{\cos\theta}\right)^2} ds \frac{1}{dP} = kI_\theta \frac{ds}{L^2} \cos^3\theta \quad (7)$$

従って、

$$E = E_0 I(\theta) \cos^3\theta \quad (8)$$

となります。

4-4 照明系と投光系の違い（照明系の多様性について）

　自動車のヘッドライトの場合には、車の前の道路なり障害物なりを照明するために用いられます。その場合、被写体がどのくらいの明るさ（照度）で照明されているかが大切なことです。（濡れた路面等を対象とする場合には、ドライバーへの見え方に指向性が出てくるので輝度的な評価も必要となりますが。）
　ところが同じ自動車における光学系でも、方向指示器や、テールランプは、何かを照らすのではなく、自分が光っていることを伝えるための光学系です。灯台の灯もそうですし航空障害灯もそうです。被照明面を明るくするためではなく自分の存在をより明確に示すことが大切になります。これらを見る人はたいていかなり遠方から観察することになりますので、光度（放射強度）が性能を示す重要な量となります。こうした広い意味での照明系を、狭い意味での、上記ヘッドライトのような文字通りの照明系と区別して投光系と呼ぶことにしましょう。そこには大きな役割の違いが存在するわけで、理にかなった分類だと思います。（照明系とはそもそも光を放つ装置ですから総て投光系と言っても間違ってはいませんが。）
　ところで、実状では、興味深いことでもありますが、照明機器の呼び名としては、かなりややこしいことになっています。例えば"投光器"と製品分類的に調べてみますと、それは工事現場など、不特定な場所を明るくする"照明系"をさす場合が多いようです。建築物を闇夜に浮かび上がらせるのも、高速道路の標識を遠方から照らすものも投光器です。競技場の照明も投光器の範疇に入ってしまうのかもしれません。本書の読者でこうした製品の照明系設計にご興味のある方は多いかもしれませんが、上記、狭義の照明系と投光系の分類には当てはまらないような気もしてきます。ここで、こうした製品の用途をよく見てみますと、大きく分けて2種類のものが存在しているようです。これらの照明的な特徴を考えてみましょう。

1）　まず、あまり照明対象がはっきりしていない製品が目につきます。一般的には、こうした投光系の設計においては被照明領域がどんな風になっているかをはっきりと定めてはいません。どんなビルを照明するかも細部に及んでは考えてはいないでしょう（もちろん専用設計のものは違いますが）。場合によっては何を照明するのかについても漠然としています。ただし、より汎用的な目標

がある訳です。これはより決定するのに難しい仕様、と言えなくもありません。また、多数の投光器を調節して全体で対応する、という面もありましょう。通常の室内照明は、上記の用途と比べ、被照明状況がより限定されている場合と考えられます。

2) そして次に目立つのが、指向性が高い製品群です。遠方から標識を照らそうと試みたり、或いはステージ等にスポットライトをあてようとすると指向性の高さが当然重要になります。指向性が高ければ美術館で遠方からでも、特定の絵画のみを暗闇から浮かび上がらせて照明することも可能です。こうした指向性については、とりあえず輝度が確保できると同時に光源が小さいことも重要で（5-5項）、高輝度のLEDは非常に有用です。また照明光学系の収差（5-4項）も、その照明域を狭くし、明暗のエッジを立てるためには重要になります。いろいろなレンズやミラーの加工技術が向上している中で高度な投光指向性は実現可能となっています。

こうして見ていきますと1)、2) の製品ともあえて言えば、本項前半の照明系、投光系の分類のちょうど間に入るようなものとも考えられましょう。1) の製品群もそもそも光を投じること自体に意味がある、とも考えられますし、2) の指向性型は光を確実に遠方まで運ぼう、という観点からは灯台などと同じ仲間です。

4-5 輝度測定、輝度計算の大変さ

1-7項図1-10の二つのケースにおいても結局は双方、輝度を計算してしまっても、迷いがなくてよいのですが、実際にはそう簡単な問題ではありません。輝度には照度に比べて角度という次元が加わっているので、2次元で指定される位置それぞれに2次元で広がる角度の次元が乗り、同じ分割数で考えれば照度の2乗の測定変数量が必要となります。したがって、現状では、計算することも、測定することも、手抜きをしなければ相当手間のかかることになります。また、データ数も多すぎると見通しも悪いのです。したがって、できるだけ手間のかからない、見通しのよい単位で照明系を評価することも実務的には重要となります。

輝度測定の原理を単純化して**図4-8**に示します。輝度を測りたい光源（被検査）部分の写真をとるという簡単な構造です。物体までの距離 L と、レンズの口径 D はわかっているので、立体角 Ω は、

$$\Omega = \frac{\pi \left(\frac{D}{2}\right)^2}{L^2}$$

として D に比して L が十分に大きければ計算できます。さらに、光源部分は撮像素子上に結像し、結像横倍率 β' がわかっていれば、像の大きさ S' から被検査光源面の見掛けの大きさ S がわかります。

$$S = S'/\beta'$$

このとき、光源面がカメラの方向と θ ずれた方向を向いていると

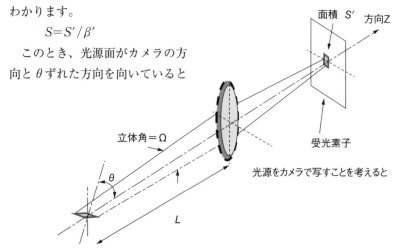

図4-8　輝度の測定原理

4-5 輝度測定、輝度計算の大変さ

すると、実際の面積よりややつぶれた面積の像が撮像素子上に得られることになります。そう大きく光束全体の広がり角を想定しなければ、この値は本来の面積に $\cos\theta$ を乗じた値で近似できると考えてよいでしょう。上記の S には 1-12 項(9)式における $\cos\theta$ が組み込まれていることになります。

また、結像における光束（エネルギー）ϕ は撮像素子より電気的に得られるはずであります。従って、レンズによるエネルギーのロスを無視すれば、1-12 項(9)式に従って輝度 B が計算できます。

$$B = \frac{\phi}{S\Omega}$$

ただしこれは、カメラの方向から見た場合の一方向からの輝度なので、光源のすべての方向の輝度が知りたければ、上記の測定システムをゴニオメーターのような可動式な装置に載せて、半球、場合によっては全球の角度範囲でスキャンし大量のデータを処理する必要があります。コンピュータの助けなしにはこれらの情報を生かすことはできませんが、近年ではこうした充実した輝度データが主要照明系設計ソフトで利用できる形で提供されつつあります。照明系設計においては光源特性をどう捉えるかが、非常に重要になります。

図 4-8 の測定レンズの焦点位置を無限位置に合わせて置けば、光源の画像は像面上に得られませんが、光源からの同じ角度の光線は像面上の同じ位置に結像しますので、角度情報を像面上の位置情報として得ることもできます。

また、アークランプ光源などにおいては、発光面というものがなく、電極間の空間が光っているので、輝度で光源特性を表す必要があり、以前から図 4-9 のような輝度分布図が利用されています。アークランプの回転対称性、上下方向へ放射するエネルギーの少なさ等からは、良くまとまった直感的に利用しやすいデータであるとは言えますが、上述の通り光源からのある狭い範囲の方向への輝度分布を表しているのにすぎないとも言えます。

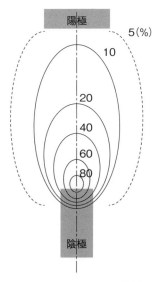

図 4-9　アークランプ輝度分布データ

第 5 章

集光のための光学系・量的照明系設計 1

第5章　集光のための光学系・量的照明系設計1

5-1　集光系と照明系

　4-4項で触れました通り、狭い意味で照明系とは、文字通り何かを照明するもの、或いは投光するものと捉えることができるでしょう。さらに、光学設計的には太陽光集光に用いられるような集光系についても照明系に含めるという広い意味での分類がされているようです。本来は、結像を目的としない非結像系というくくりで"照明"という言葉が使われているのだと思います。

　米国などではその名の通り、Nonimaging Optics という領域がありますが、そうした名称の方が適当なような気がします。しかし欧米でも素直に Illumination Optics、つまり照明光学系というカテゴリーは存在していて、Nonimaging Optics は集光系を考える領域としての色合いが強いようです。この Nonimaging Optics 理論の適応範囲は現在活発に拡大していて照明系設計全体に影響を及ぼしてしまいそうな勢いがあります。集光系本来のいかにエネルギーを高められるかという、"量的照明設計"から被照明面上の様々な、照度の均一性などの測光学的性能に注目する"質的照明設計"にまで及んでいます。また集光系を逆にして考えれば照明系・投光系としていかに多くのエネルギーを効率よく飛ばせるか、という、基本的問題に答えるもの（必要条件）となり得ます。

　質的設計についても、これまでの照明設計ではレンズ設計的なものを基礎にして結像を変則的にとらえた考え方により、レンズ設計と似たようなシミュレーション主導のやり方がとられていたように思います。いずれにしても光線追跡が重要になるせいかもしれません。こうした考え方は十分に有効で整理された体系に基づいていますが、Nonimaging Optics の領域では、もとはフェルマーの原理、エタンデューの保存という同じところに根を持ちながら、これまでのレンズ設計の常識にとらわれない、本書でも触れていきますが画期的な幾何光学の応用手法がいろいろ考えられています。レンズ設計では条件が複雑すぎて諦められていた解析的設計手法も（試行錯誤的ではなく）、状況をうまく整理することにより試みられています。ただ、そこに正弦条件[1]p.92、そして瞳収差（7-8項から7-11項）も含めた収差論、光学系の形を流動的に変化し得るレンズ設計のテクニックも有機的に絡み合えば、さらに高所からの見通しも効き、理論の限界もわかり、そして、質的照明系設計との関連も深まり、設計の推進力も増すことになります。

　照明系（本書では広い意味でそう呼んでいますが）の内容は、紫外、可視、赤外の光学的領域においては、結局、4-4項での内容を拡張して以下の分類が行え

ると思います。
　照明系：文字通り被照明面を照明する
　投光系：自分の存在を示す。
　集光系：エネルギーを集めることを目的とする

　また照明系光学設計的な仕事しては
　迷光対策：反射、散乱などによる悪影響をもたらす光線を減らす

　4-4項で説明させていただきましたように、重なり合う領域もあります。しかし大枠では以上のような分類も可能でしょう。迷光対策については照明系設計理論は重要になりますが、一般的には光学設計と一体となっての枠内でも行われるものですので、本書では主に上の三つの光学系について考えます。
　そして、こうした系で用いられる光学的要素はレンズ、鏡だけではなく、拡散材、ガラスロッド、プリズム、コーティング、導光板、偏光素子等多岐にわたります。様々な分野での技術の適切な細かい積み上げが大きな成果を生みます。

5-2 集光比の定義（理論的最大値）

　集光光学系の最も重要な応用分野の一つである太陽光発電に用いられるような集光器の性能が、ビームの入力の面積を出力の面積で割った比で表せるのは、2-3 項(1)式にあるように平衡状態にある吸収体の温度は、この比の 4 乗根に比例することからも明らかです。既に 3-5 項、3-8 項では、この比を C で表し、集光比と呼と呼んでいます。

　ここで、改めてこの集光比についてより具体的に考えてみましょう。簡単な箱型の集光器を考えます。平面内の入射面 A と、すべての入射光が射出するのに十分な大きさを持つ射出面 A′ を考えます（**図 5-1**）。従って集光比はそれぞれの面積を考えて、

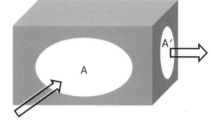

図 5-1

$$C = A/A' \quad (1)$$

となります。上式においては、レンズによる結像のように、入射ビームの圧縮がビーム進行方向に直交する縦横両方向で起こっていることを暗黙の裡に仮定しています。太陽発電技術においては、片方の方向にしかビームを圧縮しない、集光系も存在しています。そうした装置においては反射面も屈折面も円筒状（シリンドリカル）の雨どいのような面を持っています。2D の場合の集光比は雨どいと直交する、屈折力のある方向の入射と、射出の開口の長さの比で計算します。

　さて、集光比 C の上限は存在するのでしょうか？この答えは 2D の場合と回転対称な 3D の場合は非常にシンプルです。物界も像界の媒質も同じ屈折率であるとすれば、無限遠の円光源が入射面に対して最大、半角 θ_i の角度内で光を送り込めるとき、3D 集光器の最大集光比は以下の通り表されます（3-8 項）。

$$C_{\max} = 1/\sin^2 \theta_i \quad (2)$$

この条件下では光線は、**図 5-2** にあるように射出開口からその面の法線に対して $\pm \pi/2$ 以内の角度で射出します。2D の場合には上の値は $1/\sin \theta_i$ となります。

図 5-2

5-3　集光効率を上げるための光学系

　照明系において光を集光させる問題は、様々な場面で登場します。代表的なものは既に触れましたように、太陽光発電においての太陽光集光器、或いは図5-3のような光源からの光をファイバー等に導く場合、そしてさらに一般的に考えれば、できるだけ多くの光を光源から所望の被照明エリアに導きたいような場合です。ここでは集光効率というテーマを掲げているので、被照明面での照度の均一度については不問としておきましょう。実際に上記の集光系アプリケーションの場合には、こうしたことはそう問題にならない場合が多いです。ここで、集光系もある領域内に十分に光を取り入れることと捉えると、照明系には5-1項でも簡単に触れましたが、

① 照明領域に入るエネルギー量のみが問題になる場合
② 照明領域の照度分布、或いは輝度分布等が問題になる場合

としての分類方法が考えられそうです。①を量的照明系設計、②を質的照明系設計とでも呼びましょう。

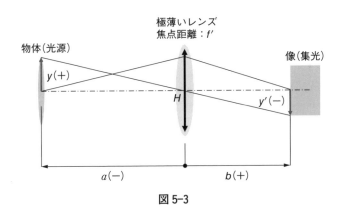

図 5-3

第5章 集光のための光学系・量的照明系設計1

　この二つの違いは、そう大きくないようにも感じられるかもしれませんが、設計に際しての方法論的にはかなり異なります。①の場合にはとにかく、所望の大きさの受光エリアにいかに多くのエネルギーを詰め込めるかのみが問題になるので、②に課されるような照度の均一性などの条件を無視して、いろいろな設計手法を用い得る可能性があります。照明系設計の初歩は実は、現状の設計テーマが上記のどちらに属しているのかはっきりと認識することにあるとも言えましょう。

　量的照明系設計を考えるときにも、当然様々な方法があります（後述、照明のタイプを参照ください）。一般的には、レンズ、ミラー等の光学素子を用いてその焦点を用いるのか、或いは光学素子によって広がり角を制御した光束により照明するのか等の選択があります。特に集光効率を上げるためには、やはり光源からの取り込み角度を大きくし、集光領域を小さくすることが肝要になります。

　そこでの、古典的、光学的な自然な方法とは、上記問題に対して、ターゲット領域に光源像が収まり、なるべく大きな開口数・NA（4-2項）の（小さなFナンバーの）結像光学系を設計する、というものでしょう。NAが大きければ光源のエネルギーを多く取り込めます。エタンデューが大きく取れるということです。再び図5-3をご覧ください。左の光源からレンズを用いて右端の大きさの決まった入力面（例えばファイバー端面）光を取り込もうとしています。

　このとき、カメラや顕微鏡の結像光学系を設計する際に、重要なよりどころとなるとなる古典的光学設計理論においては、その中の近軸理論により、光源面、入力面の倍率関係、全体の大きさ、そして明るさの最大化の要請により、基本的な光学系配置は決まってしまいます。このあたりは結像光学系理論ですので詳細は省きますが[1]p.38 基本は以下の関係式です。f'をレンズの焦点距離、横倍率をβ'として

$$1/b - 1/a = 1/f' \quad (1)$$
$$\beta' = b/a \quad (2)$$

となります。

5-4 近軸理論による明るさ

　レンズの中心に入る光線は同じ角度でレンズから射出します。従ってレンズの結像による物体と像の大きさの比、横倍率 β は b/a で表されることになります。5-3 項図 5-3 でいうと光源と受光面の長さの比です。また別に示した通り、物体から取り込むエネルギーは光源からレンズに張った最大角により決まりますので、明るさに応じたレンズの大きさもこの近軸理論[1)p.30]から見通しを立てられることになります。この角度をなるべく大きくしたいわけです。この角度を大きくして、像の大きさを小さくできれば、被照明面状の照度は上がることになります。

　さて、ここまでは近軸理論という光学設計理論体系中の言葉を使ってきました。前著参考文献 1) 第 3 章に詳しく記しましたが、本書でも、光学設計分野において非常に重要な概念なので、改めて簡単に触れさせていただきます。

　我々は幾何光学という光学理論の範疇で光学設計を行っていますが、そこで重要になるのは既述の通りスネルの屈折則です。屈折率と媒質境界面における入射角度の sin の積が保存されるという法則ですが、この計算、単純なように見えてレンズ系の枚数などが増えてくると、或いは斜めからレンズに入る光線などを対象にすると途端に複雑になっていきます。そこで、$\sin\theta \fallingdotseq \theta$（ラジアン）という近似（一次近似）をしてしまおうというのが近軸理論です。

　これは θ が小さい値の時のみ成立する理論ですが、照明系においてもレンズ、ミラーは回転対称形のものが多く、回転対称軸の光軸というものが存在する場合が多いのです。するとどこかに光量を制限する絞りを設けて、自然にこの光軸に向かって光束を細くしていくと上記一次近似が成立することになります。つまりこの近似は近似そのものではなく、その構造自体が、光学系中心部に内包されているもの、と捉えることができます。ですから、結像を前提とすれば、古典的光学設計論の示す通り、多くの場合、何らかの対称性を持つ、一般照明系、集光系設計もこの近軸理論の厄介にならねばならなくなります。光学系のレイアウトを示すことのできる非常に有用な考え方です。この近軸理論内では、点光源から放射された光線は焦点（広い意味での）という一点にすべて収束します。また点光源の集合とみなせる、平面状の光源は、平面像となります。

　ところが、実際には図 5-4 にあるように、光線はこの焦点に全て集まってくるわけではありません。θ が大きな領域であれば、上記近軸近似から計算結果が外れてきて、当然のことです。この一点からのずれを収差と呼びます。収差による

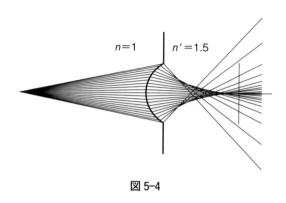

図 5-4

収差像の形は千差万別です。いわば誤差ですから、いろいろな形で表出します。一般的な結像系光学設計では、所望の結像関係において、この収差をいかにせん滅するかにその目的があります。照明系設計のための本書では、その成り立ち、収差の除去方法等の詳細には深入りしません。こうした内容についても興味のある方は、参考文献1)、5から10章を参考にしてください。とりあえずは、収差は、照明系設計にも重要な意味を持っていること、そして一般の光学系には必ず伴っているものであることを、知っておいていただきたいと思います。

5-5　ヘルムホルツ-ラグランジュの不変量

近軸理論の範疇でヘルムホルツ-ラグランジュ（Helmholtz–Lagrange）の不変量[1)p.32]というものが存在します。照明系を考えるうえでも重要な事柄です。それは図 5-5 にあるように諸元を設定して、

$$NYU = N'Y'U' \quad (1)$$

と表現されます。近軸領域における光学系のそれぞれの面において屈折する光線に適用されるスネルの屈折則を基に導出されるので、両辺にその界の屈折率を伴います。収差が十分に補正された光学系を仮定すれば、光線は基本的には近軸理論で定められたように共役結像に寄与するので、(1)式は照明系設計においても非常に重要な意味を持つことになります。

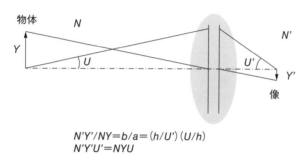

$N'Y'/NY = b/a = (h/U')(U/h)$
$N'Y'U' = NYU$

図 5-5　ヘルムホルツ-ラグランジュの不変量

例えば、5-3 項図 5-3 にあったような、発光領域の定まっている面光源からの光をできるだけ有効に、ディテクター、或いはファイバーなどに導こうとする場合に、(1)式から、光源（物体）面積をそのままに、集光面積を小さくして、集光効率を上げようとすれば、U' に比べて、光源側の取り込み角、U が小さくならざるを得ないことになります。逆に取り込み角 U を大きくとれば、U' がそれに伴い大きくならない限り、集光面積が大きくなり、照度は下がることになり、その分では効率が下がることになります。これらの高率を改善するためには、より口径比の大きな（焦点距離が同じで、口径の大きな）明るい光学系を用いるしか方法はありません（図 5-6）。またこうした近軸理論から収差を小さく設計す

第5章　集光のための光学系・量的照明系設計1

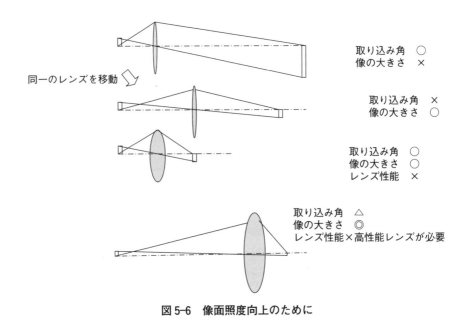

図5-6　像面照度向上のために

ることによってどのような光学系になるのかの全体像も見えてきます。

　さて、上記、ヘルムホルツ-ラグランジュの不変量を考える際には、近軸近似の範疇であるので、実際の照明系について考える場合にも、おのずと収差が適切に補正されている光学系が仮定されることになりますが、実際の多くの単純な構成の照明系には収差が大きく残されています。しかし、量的照明系であれば、収差が残存していてもまったく構わない場合も多い訳です。そうした場合に、(1)式等で組み立てられる光学系と照明系として最適化された光学系との間に、どのような違いが出てくるのかを次項で考えてみましょう。

5-6　集光のための結像系の初歩的特性

結像系を集光に利用するために最初に一つの凸レンズを考えましょう。それは拡大鏡のようなものであったり、遠視用の眼鏡用レンズであるかもしれません。図5-7にあるように物体が小さい角度 2θ の角度を張っています。像サイズは角度が小さければ近軸理論により $2\theta f$ と近似できます。レンズ中央に入る光線は射出時にその方向が変化しないので、そこからこの像サイズは推測できる訳です。

また図5-7は集光器理論においてこれまでに触れてきたような基本的なエタンデューのコンセプトを含んでいます。光のビームの直径と角度の広がりに関する近軸的なコンセプトです。直径はレンズそのものです。そう、$2a$ としましょうか、角度の広がりは 2θ で与えられます。既述3-5項の近軸エタンデューはこれら二つは積として合体されました（ここでは $n=n'=1$ ですが）。一般的には $2\times2=4$ の4は省かれて、θa がいろいろな名前で知られている量にあたります。近軸領域でエタンデュー、アクセプタンス、ラグランジュの不変量等の名で呼ばれます。光学系中に障害物ですとか吸収、拡散等がなければこの量は保存されるのです。例えば、図5-7で射出側のエタンデューを考えれば、像面では像高は $f\theta$ となり、射出光束の開き角は、近軸領域では $\tan\theta \fallingdotseq \theta$ と考えられるので、a/f とできます。従ってこれらの量の積であるこの保存量は再び物体側と同様に θa です。3Dの場合については、例えば図5-7のような一般的なレンズにおいては $a^2\theta^2$ と2乗されて便利に考えられます。

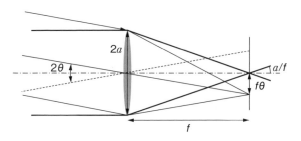

図5-7　近軸エタンデューの保存

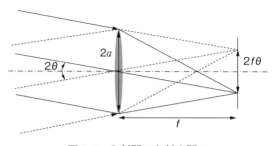

図 5-8　入射開口と射出開口

　もし図 5-8 右端にあるように $2f\theta$ の径の開口をレンズの焦点位置に仮定すれば、このシステムは直径 $2a$ の内側に $\pm\theta$ の角度幅の光線のみを受け付けることになります。放射輝度 $B(\mathrm{Wm^{-2}\,sr^{-1}})$ が左からレンズに入っていると考えてください。この系は

$$B\times\pi a^2\times\pi(f\theta)^2/f^2=B\pi^2 a^2\theta^2 \quad (\mathrm{W}) \qquad (1)$$

なる総光束を受け取ることになります。よってエタンデュー、$\theta^2 a^2$ は結像系においても光学系を通過するエネルギーの流れの、メジャーになるものと改めて認識できます。

　もし上記の結像の解釈が正しくて、右端の受光系の直径が $2f\theta$ あれば、受け入れられた $B\pi^2 a^2\theta^2(\mathrm{W})$ は系の右端の径から流れ出なくてはなりません。従って我々の光学系は集光系としても働き、その入射半角 θ に対しての集光比は

$$C=(2a/2f\theta)^2=(a/f\theta)^2 \qquad (2)$$

となります。

　ここで、太陽エネルギー集光のために、光源を無限遠に置いて考えてみましょう。その張る半角度をだいたい 0.005 rad（1/4 deg）とします。これが既述の集光角 θ になります。明らかに(2)式からレンズ径が同じであれば、できるだけ焦点距離が短い方が効率的であることがわかります。

5-7　結像系の照明系への利用

　光軸上の点光源からの光線が、像面上で点像として収束しない収差を球面収差[1]p.65と言いますが、この球面収差が存在しないとき E.Abbe は軸外（offAxis）の物体に対してもシャープな結像を得る条件、正弦条件（sin condition）[1]p.92を以下のように示しました（図 5-9）。h は入射光線の光軸からの距離で、その光線の像側での光軸となす角度が $α'$ です。

$$h = \sin α' \times \text{const.} \quad (1)$$

正弦条件は画像総ての点、offAxis の総ての点についての無収差は保証していませんが、入射角度 0 の時、offaxis に向けて収差が線形に変化することを保証します。つまり光軸近傍のコマ収差のない条件です。こうしたレンズをアプラナートと呼びます。

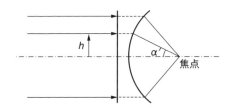

図 5-9　無収差光学系による軸上結像

　一般的な結像集光器にとって、理論的最大の集光比を得るためには必要な条件のように見えます。また理想的な結像系であることにアプラナティックであることは重要なことです。ただ悲しいことに、像面全体をカバーできる十分な条件ではありませんが。

　さて、(1)式から開口半径を a、像半径を a' と置いて $NA = n' \sin θ'$ ですので

$$a = f' \times NA/n' \quad (2)$$

また 3-5 項図 3-6 の光学系に対するエタンデューの積分結果 3-8 項(4)式から

$$(a/a')^2 = (n'^2 \sin^2 θ')/(n^2 \sin^2 θ)$$

$$a' = a \times n \sin θ_{\max}/NA \quad (3)$$

が得られます。よって (2),(3)式から

$$a' = f' NA n \sin θ_{\max}/(n' NA)$$

$$a' = (n/n') f' \sin θ_{\max} \quad (4)$$

　ところで、物体側焦点距離 f と像側焦点距離 f' の間には、双方正の値とする

と
$$f' = n'f/n$$
の関係があります[1)p.37]。従って
$$a' = f \sin \theta_{max} \quad (5)$$
の関係が得られます。θ_{max} で入射した平行光束の像高が a' な訳ですから、この(5)式は明らかにレンズに歪曲収差の存在を要請しています。7-2項でも述べます通り、歪曲収差のない、画面の歪みのない場合には
$$a' = f \tan \theta \quad (6)$$
の点像の位置と入射角度の関係、射影関係[1)p.138]になります（**図 5-10**）。もし(5)式の関係を守らず(6)式のような射影関係にしたならば、正弦条件が成立している環境下では(3)、(4)式の関係、つまりエタンデュー積分による結果の保存が下記の様に破られるということになります。
$$a^2 n^2 \sin^2 \theta \neq a'^2 n'^2 \sin^2 \theta' \ .$$

数式はそれだけのことしか言っていないのですが、このエタンデュー積分の不成立に臨んで、当然積分前の微小量のエタンデューは保存されるはずであり、焦点距離 f、a、θ は設定値として、或いはこの系の開口の総ての部分を通過する光線が同じ倍率の像を形成するよう正弦条件により決まっていますので、とりあえず 3-8 項(1)式における、像に張る立体角 $d\Omega'$ が 3-8 項(2)式の積分中にその値を変化させている可能性が考えられます。図 5-10 からも容易に予想できます。正しい積分では微小にずれた角度で発射された光束は規則正しい形の収束光束として、ここでの射出開口上に並ばなければなりません。つまり(5)式がそのための条件ということになります。

また、入射開口から入射する光線はこうして半径 a' 射出開口を通過するわけですから（なるべくこの半径が小さい方が集光比が上がります。）、射影関係という観点からは、こうした条件下の結像系においてはこの状態が最高の集光比に達するものと考えることができましょう。

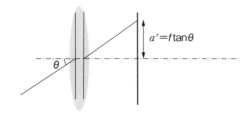

図 5-10　射影関係

5-8　結像系による集光系

前項5-7項(5)式の条件は図にすると、**図5-11**にあるようになります。よく見てみますと、逆側からの正弦条件が成立しているのがわかります。つまりここでの図の光線は絞りの中心を通る主光線と考えられますのでテレセントリック系[1]p.58が形成されています。この主光線が正弦条件に則っているということは、光軸から微小距離離れた点光源から出た光線総ても、収差なく、同一平面上で軸上から出た光線と交わることを意味しています。前項5-7項(7)式のところで触れました通り、この性質は確かにエタンデューの積分に際し大切な性質であることがわかります。同じ形の収束光束が射出面上で規則正しく並ぶことになります。ただしこの場合、正弦条件の前提である、球面収差が補正されている場合に、という条件が付くわけです。ですから、我々はそのようにまず設計せねばなりません。しかし、ここでふと思うのは、レンズの両側からそれぞれの、レンズの表と裏でリーバーシブルに、無限位置の点光源に対して球面収差を補正したレンズは設計できるのか？ということです。

答えは5-7項(5)式の射影関係が成立している場合にはYESです。この歪曲収差が発生している場合にのみ設計が可能なのです。この内容の証明・導出等については参考文献1)の159ページに詳説しています。

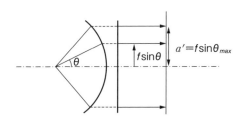

図5-11　正弦条件と主光線の角度

以上は収差補正が良好な、結像系による最大の集光効率を実現するために検討した結果です。収差補正の技もかなり発揮されなければなりません。しかしここで、結像系から頭を切り替えてみます。すると画面の端に行くに従い徐々に画像がシャープになるようなものを我々の集光器として頭に描くことができます。そして従来の結像系に求められる伝統的な性能は少し、いやかなり緩められことに

第 5 章　集光のための光学系・量的照明系設計 1

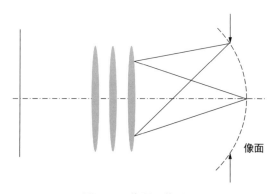

図 5-12　像面の曲がり

なります。それは、射出開口におけるエッジにおいてシャープなイメージを持ち、5-7 項 (2) 式から 5-7 項 (5) 式までの要求をその径内部で満たせば、θ_{max} よりり小さい角度の入射光に関して完全な結像は必要ありません。例えば図 5-12 にあるように像面はかなり曲がっていて、最外角光線たちが円形のリムを形成しているかもしれません。その内側では a' をはみ出さない程度の点像は収差を持っていることもあり得ます。

　それ故、以下の結論が得られます。通常の結像系に置けるような困難な設計は集光系には必要ないのです。エッジにおいてのみ集光をしっかりすればよいのです。実際に結像系設計において、この緩和は大きな助けにはならないことが多いのです。それは最外角光線の行き着く最周辺部の収差補正は画面中でも最も困難だからです。しかしこのことは画面全体での良好な結像を必要としないいわゆるノンイメージングオプティクスの集光系においては、このエッジ光線に対する原理は、合理的な原理となります。リム上で良い収差補正が不要なだけでなく、点像もそこでは必要ないのです。入射最大角度の光線は射出開口リム上を通過し、それより低画角の光線は、リムを超えないような範囲で収差を持ってよいのです。このエッジ光線原理については、さらにノンイメージング集光系と絡めてお話します。

5-9 収差の生きた照明系

5-4項図5-4にあるような収差を球面収差[1]p.65と言います。レンズの光軸から離れた位置に入る光線の入射角度が中心部と比べて大きくなりすぎることにより発生する収差です。こうした理由から球面収差により、レンズ外側を通過する光線が焦点より手前に落ちてしまう（underになっていると言います）のは、単レンズなどでは顕著な現象です。

そのような傾向の収差を画面の全体的に持っている集光レンズを考えた場合、図5-13から明らかなように、レンズの周辺から焦点にやってこようとする光線が大幅に手前に曲がることによって、近軸理論で得られるよりも集光面積の小さい照明光学系が形成できることがわかります。点線は近軸理論により得られる光路です。光線がたくさん書いてあるのはスネルの屈折則をちゃんと適用してコンピュータにより計算した多くの光線経路です。収差によってより効率の良い照明系が形成できる可能性があるのです。これが照明系光学設計の、特に量的照明系設計の大きな特徴の一つでもあります。

繰り返しになりますが何よりも、受光面上での照度分布、或いは輝度分布等はどうでもよいということが重要なところです。エネルギーをできるだけ多く引き渡せればよいのですから。ただ必然的に上のケースの近軸理論配置時の受光面積

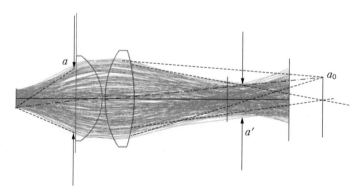

図5-13　近軸計算により考える集光と光線追跡による集光の違い。ハッキリとした点線が近軸光線

第 5 章　集光のための光学系・量的照明系設計 1

a_0 上の平均照度は、同じように取り込まれた、同程度のエネルギーがより小さい面積に達している、a' 位置での平均照度に劣っていることになります。ですから、ひょっとしたら質的照明系設計を行う際にも一考するべき内容にも見えます。それではこうした設計目標に対し、より合理的にアプローチすることはできないのでしょうか？ 上の例ですと、シミュレーションしてみたら始めたときより良い受光位置があるのがわかった、という状態ではすこし気持ち悪いですね。

　ここでの光学系は結果的にこうなっているのですが、前項によればあらかじめ、レンズ側に近い受光開口 a' を想定して、一番角度の端の入射光束について考えれば、計画的に設計することもできそうです。

第6章

エッジレイ・メソドの考え方
(量的照明系設計2)

6-1　ライトコーンズとエッジレイメソッド

図6-1をご覧ください。ガラス、或いはアクリルの直方体の中を光線が通過している様子です。上手く全反射現象（1-3項）を利用すれば光を左から右に運べます。導光板、或いはライトガイドと呼ばれます。様々なタイプのものがあります。こうして光をガイドしてやれば表示装置のいろいろなところを少数の光源で発光させることができます。しかしここでは、最も単純な構造のライトパイプと呼ばれるような細長い真っすぐなものを考えます。

こうしたものの利点は、光を何回か全反射させることにより射出端面で光を混ぜる役割を果たせることです。図にもありますように全反射ですから同じ角度で反射されていきますが、射出口では、同じ角度で入射した光も反射回数の異なるものが出てきて混ざります。入射角が異なるとまた違った混ざり方をします。ですから射出口での放射発散度は均一化されてきます。ただ、角度は反射に際して面法線に対してプラスかマイナスの角度でしか変化していないので、光度的にそう改善されるわけではありません。ですが射出端面を2次光源として後述のクリティカル照明系（7-1項）を繋げれば非常に有効です。（実際には四角ではなく多角形、或いは円形にした方が角度の混ざり方によりバラエティーが出て有利になります。）

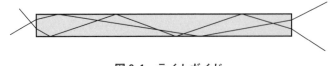

図6-1　ライトガイド

そこで、3-8項の集光比を思い出すと、直方体ではなく、射出口の面積が小さくなった四角錐に形を変えると集光比を向上させられることに気がつきます。3D的には底面が四角であったり、円形であったりいろいろありますが、総称してライトコーンの一族と考えられます。

原始的な、レンズなどの結像系とは全く異なる原始的な、非結像集光器として、このライトコーンは長い間使われてきました。図6-2にはそこでの光線の進行の具合が示されています。冒頭のライトガイドのようにうまく射出するものもあれば、破線矢印で示された光線のように2回以上反射され元の方向に戻ってしまう

6-1 ライトコーンズとエッジレイメソッド

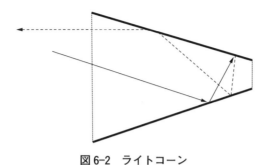

図6-2 ライトコーン

ものも簡単に見つけられます。もっとコーンを長くして多くの回数反射できるようにすれば、より多くの戻ってしまう光線を見つけることができます。その点では明らかにコーンは理想的な集光器とは言えません。それでも、5-7項や5-9項で考えました集光器に比べると非常に単純であり、その形は誰にでも何かしら新しい集光器への期待を持たせるものです。

5-8項において結像の必要のないノンイメージング集光器に対しての重要な、そしてミニマムな要求事項を提案しました。それは、入射する最大角度θの光線たちは（光束は）、射出開口の輪・リムの上にシャープな結像をすること、ということです。角度θより内側の入射光線はすべて、光学系を透過し射出開口から表れるだろうと考えれば、当然の条件です。実際にはすべての最外角光線が鮮鋭な点像に参加する必要もなく、すべてが射出開口のリム上から出てくればよいのです（非点収差[1]p.112 が許されます（**図6-3**）。この許容により、光軸を含むメリディナル平面内の収差のみ考えればよいわけで（図6-3においては縦方向がメリディオナル方向、それに直交する横方向がサジタル方向です。）、以降この6章では、集光光学系の2D（2次元）のエタンデューについて多くのページを費やして論じていきますが、その妥当性の根拠の一つとなるものです。また実際の光学設計・収差補正の際には重要な逃げ道にもなります。それでは、そうした考え方をライトコーンに応用して集光器としての性能を改善していきましょう。

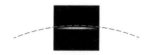

図6-3 非点収差（3次収差によるシミュレーション）を伴う点像と射出開口リム

第6章　エッジレイ・メソッドの考え方（量的照明系設計 2）

6-2　ミラー仕様の基礎　鏡の利用

　ライトコーンついては前項で触れましたが、集光に用いられる鏡には円錐、放物面、楕円鏡、双曲面鏡といろいろ存在します。取りあえずはレンズと比べられて、その使用を検討されることも多いかと思います。

　鏡には以下の長所があります。

　①集光角を非常に大きく取れる。これはエタンデュー、或いはヘルムホルツーラグランジュの不変量から非常に重要なことです。レンズには限界があります。
②大きく、軽くできる。波長によって反射角度は変わりませんので色収差[1)p.142]は発生しません。

　短所としては以下の通りです。

　①レンズ系のような複雑な構成にしにくく、光軸から光源が離れると収差（光線の乱れ）が激増します。②焦点が内側なので、深い構造の場合、光源周りの構造により影ができる場合もあります。

　もちろん様々な形状が存在し、集光器としても様々な改善され利用されています。そこでここでは最も基本的なミラーシェイプである放物面（図 6-4）についてその代表として記載させていただきます。

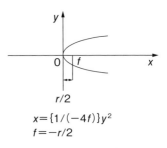

$x = \{1/(-4f)\}y^2$
$f = -r/2$

図 6-4　放物線

　ご存知のように放物面の回転対称軸、光軸と同じ方向から入射した平行光はその焦点に幾何光学的に無収差で集まる性質があります。非常に以前から焦点に光源を置いて、或いはエネルギーの吸収装置を配して、照明系、集光系のメイン部分として重宝されてきました。ただ軸外光束、光軸から外れた角度の光線が入射すると、非常に大きな収差を発生させます。コンピュータが発達していない大昔から用いられている装置です。当然、その頃は光線追跡も難しく、解析的にその解決策も立てられなかったので、結局、取りあえず光源は点と見なされて用いられていたということになります。光源の発光特性が十分に定量化されていなかったり、使用光源が事情により定まらないという場合もあったかもしれません。しかし、確かに大きな口径から取り込める太陽光により、焦点部分に置いた干し草には火がつきましたし、現在に至る照明系、集光系設計へ至る原初的な、基本的なセンスがそこにはあります。これは、こうした光源を点光源、或いは受光装置

を受光点とみなし、あたかもそれらを非常に遠くから見ているように扱うファーフィールド的な考え方であったと思います。

　放物面では軸上方向の遠い点光源からやってくる光束に対しての結像を考えましたが、これと似ていますが、片側の焦点から、放射してその面にあたった光を総て逆の焦点に収束させる能力を持つのが楕円面（**図 6-5**）です。これも大変有力な照明系要素です。放物面と光源位置が大きく異なる訳です。ライトコーンにおいてはとにかく、取り込んだ光線を所望の径に押し込んでしまえという、乱暴な、ですがよりリアルな発想に基づいていたわけですが、上記 2 種類の面については、点に集光させる、というレンズ設計的な発想が内包されています。ここに両面の式を図中に記します。またこれから 6-15 項に登場する双曲面についても触れておきます（**図 6-6**）。二つの焦点から双曲面上の任意の点 P までの距離の差は常に等しくなります。

　更に放物線と楕円を連続的に接続したミラーの例を**図 6-7** に挙げます。実際には TV スタジオ用照明器具に用いられていて 2D（2 次元）的に雨樋状に奥行きがあります。

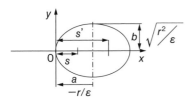

$(x-a)^2/a^2 + y^2/b^2 = 1$

$a = (s+s')/2$
$b^2 = ss'$

図 6-5　楕円

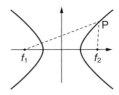

$x^2/a^2 - y^2/b^2 = 1$
焦点位置は $f_1 = -(a^2+b^2)^{1/2}$
　　　　　$f_2 = (a^2+b^2)^{1/2}$
双曲面上の点 P から二つの焦点への距離の差
$|f_1 P - f_2 P| = 2a$

図 6-6　双曲線

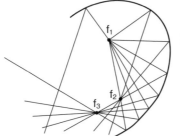

放物曲線＋楕円曲線
＋楕円曲線

図 6-7　放物線と楕円を連続して接続した例（ホリゾンライト）
（出典：東芝ライテック(株)、(株)タイコ　特許第 3992160 号　公告特許公報より）

6-3　CPC（複合放物面集光器）の諸元1

ライトコーンを集光器としてなんとか改善するためにエッジレイ原理を適用してCPC（複合放物面集光器）(Baranov、1965) (Hinterberger & Winston、1966) という一つの解を得ることができます。理論的に最大の集光比に大変近い値を得ることができます。

図6-8を参照してください。我々は角度 θ_i の最外角光線すべてが射出開口のリム上の点 Q′ を通過するようにしたいのです。もし話をこの本の紙面内に含まれる、メリジオナル面内[1)p.84] に限れば解決方法は簡単に浮かびます。図6-9にあるように、その光軸を角度 θ_i の方に向け、焦点を Q′ とする放物面の一部を用いればよいのです。実際の3D（3次元）の集光器は回転対称で回転対称軸を持っていると考えましょう。その場合には図6-9の放物面（自身の光軸を含まない面

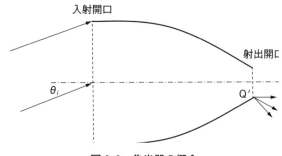

図6-8　集光器の概念

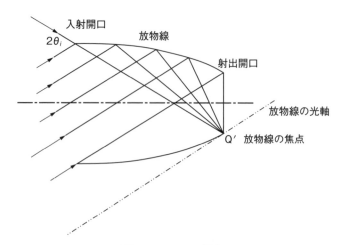

図6-9　CPCの概念

6-3 CPC（複合放物面集光器）の諸元1

により構成されているので、こうした面を軸外しの放物面と呼ぶこともあります）を集光器の光軸に対して回転させてやればよいのです。放物面の軸について回転させるのではありません。そうするとただの放物面になってしまいます。

対称性は全長を決めてしまいます。図6-9における2本の光線は角度 θ_i の最外角光線なので（光軸上でクロスする）、その光線に沿って集光器の径、長さを決めることができます。そして射出開口径 $2a'$ が決まればCPCの形状はすべて決まってしまいますので、数式で表現してみましょう[4)p.36]。図6-10にある放物線を

$$z = y^2/4f \quad (1)$$

とすれば、図より

$$r\cos\varphi + f = (r\sin\varphi)^2/4f$$

となります。この式は r についての2次方程式になりますので $\sin^2\varphi = 1 - \cos^2\varphi$ として解いていけば

$$r = 2f/(1-\cos\varphi) \quad (2)$$

を得ます。そして図6-11のようにCPCを考えれば φ が線分 QQ' までの角度であるとすれば(2)式右辺に新たな φ の値を入れて

$$QQ' = \frac{2f}{1-\cos\left(\dfrac{\pi}{2}+\theta_i\right)} \quad (3)$$

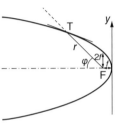

図6-10 放物線における諸元

となります。さらに図と(1)式から

$$\frac{(2a'\cos\theta_i)^2}{4f} + 2a'\sin\theta_i$$

$$= f \quad (4)$$

とできます。この式も f の2次方程式になっていますので解いていく、放物面の焦点距離 f は

$$f = a'(1+\sin\theta_i) \quad (5)$$

と得られます。

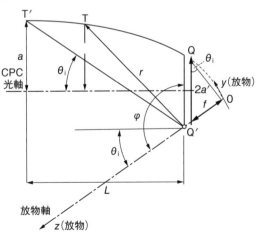

図6-11 CPCの諸元

6-4　CPC の諸元 2

　ここからは、ちょっと式が増えますが、実際に CPC を設計すること、あるいは利用することを踏まえて CPC についての重要な諸元を導出させて頂きます。

　まず、ここで CPC の入射開口径について考えてみましょう。前項 6-3 項図 6-11 において φ が $Q'P'$ に対して計られるとすると、CPC の構造上、最外角光線の総開角は $2\theta_i$ なので $\varphi = 2\theta_i$ となり

$$Q'T' = 2f/(1-\cos(2\theta_i))$$

よって、(5)式より焦点距離を代入して、

$$Q'T' = \frac{2a'(1+\sin\theta_i)}{1-\cos(2\theta_i)}$$

半角の公式から

$$Q'T' = \frac{a'(1+\sin\theta_i)}{\sin^2\theta_i} \quad (6)$$

ここで、$a+a' = Q'T'\sin\theta_i$ なので

$$a+a' = \frac{a'(1+\sin\theta_i)}{\sin\theta_i}$$

よって、入射開口の半径 a は

$$a = a'/\sin\theta_i \quad (7)$$

となります。

　また全長 L に関しては

$$L = Q'T'\cos\theta_i$$

ここに(6)式を代入して

$$L = a'(1+\sin\theta_i)\cos\theta_i/\sin^2\theta_i \quad (8)$$

更に(7)式の関係を用いて

$$L = (a+a')\cot\theta_i \quad (9)$$

となります。次項 6-5 項で導くように入射開口における集光器壁の傾きは光軸に対して 0（平行）になります。

　さて、本項で最も注目すべきことは(7)式の結果です。この式により集光角 θi の内側のすべての入射開口への入射光線が射出開口から表れるとすれば、CPC が集光比の理論的最大値（3-8 項）に達するものであることがわかります。

$$a/a' = 1/\sin\theta_i \quad (10)$$

6-5 CPC の諸元 3

ここで、CPC 入射開口付近の CPC 面の傾きについて考えてみましょう。図 6-12 におけるように T 点での面の傾きを求めると

$$z = \frac{y^2}{4f}$$

なので、 $\dfrac{dz}{dy} = z' = \dfrac{y}{2f}$

$$z' = \frac{r \sin \varphi}{2f}$$

6-3 項(2)式から

$$= \frac{2f \sin \varphi}{1 - \cos \varphi}$$

ここで、T 点を CPC の入射開口と一致させると、$\varphi = 2\theta_i$ となるので

$$z' = \frac{2f \sin 2\theta_i}{1 - \cos 2\theta_i} \quad (1)$$

2 倍角の公式を用いて整理すれば

$$= \frac{\sin \theta_i \cos \theta_i}{\sin^2 \theta_i} = \frac{1}{\tan \theta_i}$$

となります。接線の傾きを図 6-12 にあるように α とすれば

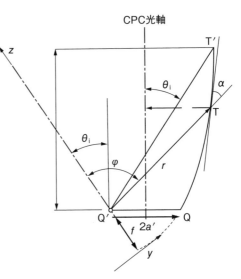

図 6-12 CPC 入射開口の傾きを求める

$$z' = \tan \alpha = \frac{1}{\tan \theta_i} = \tan\left(\frac{\pi}{2} - \theta_i\right)$$

ここで CPC 光軸を新たな z 軸とすれば、座標が変換されて

$$z' = \tan(\alpha + \theta_i) = \tan\left(\frac{\pi}{2} - \theta_i + \theta_i\right) \quad (2)$$

よって、入射開口端では CPC 面の傾きは、図 6-12 においては z 軸に平行で、CPC 光軸とも平行になることがわかります。

ところで、前項より 2D における CPC の集光比は最大のものに到達します。しかし、3D の CPC においてはライトコーンにおけるように後戻りしてしまう Skew（捻じれ）光線が存在してしまいます（図 6-13）。図 6-12 におけるような 2 次元断面内では、これまでの説明のとおり、放物線の性質を利用した、戻り光

第6章 エッジレイ・メソッドの考え方（量的照明系設計2）

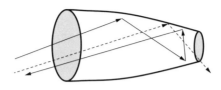

図6-13　集光器の戻り光概念図

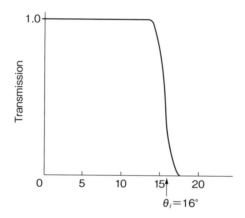

図6-14　入射角度―透過率曲線
（出典：R.Winston.(1970). Light collection within the framework of geometrical optics. *J.Opt. Soc.Am.*60, 245-247 より）

のない集光系としては完璧な設計がなされていますが、3次元的には放物面ではありません。したがって図6-12の紙面に含まれない立体的な位置の、紙面上の最外角光線と同じ入射角の同族光線は意図には従いません。しかし、大きな計算量を伴う光線追跡によって得られる透過率―角度曲線（**図6-14**）は、理想的な四角い図形にかなり近いものになっています（Winston (1970) のCPCの典型的な透過率―角度曲線、$\theta_i=16°$）。透過率―角度曲線図とは入射角度と、その角度で入射した光線がどのくらい射出開口に無事達したかの数をプロットしたものです。参考文献4)には多くのこうした3D光線についての光線追跡結果が掲載されています。

　こうした結果から3DにおいてもCPCはかなり理想に近い集光器である、と言えましょう。そして屈折ではなく反射を用いているので、どの波長に対しても色収差が発生せず作りやすいという有意さも持っています。

6-6　2次元と3次元のCPC

　雨樋状の2DのCPC集光器について考えます。この装置は太陽発電において最も多く実用化されていて、雨樋状に長くなることによって太陽追尾が必要なくなることが特徴でした。そして2DにおけるCPCにおいては後戻り光線が一切存在せず、理想的な集光比を現実のものとできる装置です。それでは以下で検討してみましょう。

　いわゆるメリジオナル断面内でなくてもこの雨樋集光器の解析は実は難しくはありません。図6-15にある2D断面の直交方向には、この光学系では光を曲げる力が存在しないからです。反射則は2次元方向に適用されるだけで第三の方向へは方向余弦は定数となります。6-3項図6-9は2Dの図ですが、樋の長手方向に進む方向成分が光線にあっても、この断面内に投影すれば、結局光線は表されます。

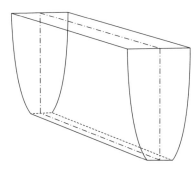

図6-15　2DのCPC

　CPCの設計方法に鑑みれば、最外角光線角度 θ_{max} においては戻り光線は存在しません。(2回以上反射するものがないからです。)故に2DのCPCは理論的最大集光比を達成し、透過率—角度のグラフは図6-16のようになると予想されます。

　しかし、こうした特性は非常に重要なものなので、より詳細について検討してみなければなりません。図6-17には典型的な角度 θ_{max} の最外角光線が描かれています。この光線はPで集光器表面と交わるとします。少し角度の異なるPを通過する近隣光線を点線で表しています。ここでこの光線に関して二つの可能性

第6章 エッジレイ・メソドの考え方（量的照明系設計2）

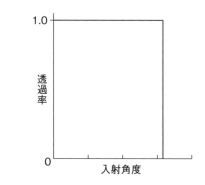

図 6-16　完全な入射角度と透過率の関係

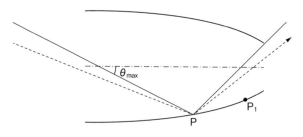

図 6-17　複数回反射光の検討

が存在します。図にあるようにこの光学系から抜け出すか、或いは CPC 面上の点 P_1 で再び交わるか、の二つの可能性です。もし、この光線が P_1 にあたってしまうのであれば、我々は今度は最外角光線の交点を P_1 として同じ議論を、CPC 面上で延々とこの交点を射出開口に移動しながら続けることができます。従って、例えいくつかの光線が多くの反射を繰り返しているとしても、最外角光線の反射よりも、近隣光線がより、集光器内側に向かって反射されることはないので、次第にそれらの光線は、理論的には交点が射出開口方向に追い込まれ、もし θ_{max} 内の角度であれば、射出していきます。もちろんここでの議論は 2D 断面に投影された捻じれ光線についても成り立つものです。2D の CPC は理論的な最大集光比を実現することができます。

　ところで、実際の照明系設計では特別な場合を除き、2D で設計・構想することはよく行われていることです。本書においての放物―楕円連続鏡、CPC、フローラインによるトランペット型集光器等、実際にはその構想を机上で、2D で行うことができます。設計に際しコンピュータ頼みではなくこうした手法が効果

的であることも照明系設計の醍醐味かもしれません。後述の質的照明設計と違い、エネルギー効率を上げればよいだけの量的照明設計においては特にこうした計画を練りやすい面はあるかもしれませんが、質的照明系設計の際のヒントには大いになるはずです。

　物理的に捉えるためには3D的に解析を進めるのが正攻法ですが、それだと、やはりイメージがしにくいのです（数学的にも）。そして照明系において重要なことは3Dと言っても全体の大きな構造としては、製造のしやすさの観点からしても、完全に自由な3D構造ではなく、2D面が回転して3Dになっている（回転的拡張）、或いは2Dがそのまま雨樋状に奥行を持つ（直線的拡張）、或いはそれらが若干歪むなどのパターンからできていることがより一般的です。またそのように整理して、skew不変量なども用意して、思考できる体系になっているとも言えましょう。

　古典的な、かつ光軸に回転対称なレンズ設計においてでさえサジタル方向（2次元断面に収まらない）の光線収差について高次まで整理をするのは困難なことです。対称性のない自由な形の照明系を思索で構想できることはかなり困難です。考えやすいような形状にして、自分の土俵に持ち込んで考える、というのが得策でしょう。

　確かに技術的には2Dで良くても3Dでは意味をなさないようなケースはよくあります。そこで重要なのは3D構造を無視しても、あまり無茶苦茶な結果にならないだろうと見通す、そして2Dと3Dの繋がりを整理できる洞察力です。6-1項で触れた最外角光線（エッジレイ）の2D面内での収差を設計に際し主に考慮すればよい、という考え方はまさによい例です。

　ところで、昨今、結像系光学設計においてもコンピュータが半ば自動で収差補正を行う最適化[1]p.190は必須の工程となっています。照明系設計にも最適化は浸透しつつあります。ですからここまで考えてきたアイディア主体の設計とは、相異なる設計手法が、そこでは行われることになります。どちらが優れているかは、ちょうど人間対AIのような話になりますが、今後、ここまで述べているカラクリは全てコンピュータが自分独自で発見するようになるかもしれません。しかし現状では、こと照明系設計に限ってみても、例えばノンイメージング設計理論を最適化プログラムに用いて照明系を生み出そうとする場合にも、その構造的枠組みを条件として与えてやることが必要です。未だに、なかなか大局的に動くのはコンピュータは不得意のようです。一方、完全な3次元的に自由な連続曲面を設

第6章 エッジレイ・メソッドの考え方（量的照明系設計2）

計する場合には、コンピュータによる最適化の能力は非常に有用です。いくらコンピュータの能力が上がっても、人間はその結果を利用してより高度な目標を掲げるでしょうから、しばらくは協調していくこととなるのではないでしょうか。

　そうした協調の意味でも、上述の2Dでは考えきれないCPCの戻り光の問題についても、今日の我々にはコンピュータがついています。複雑な計算も後追いであればいくらでも計算できます。学問的にはあまりよろしくはないでしょうが、思いきって構成して、そして結果をチェックしていけばよいのです。Nonimaging Opticsのテキストとして高名な参考文献4) には多くの予想が難しい、3Dの光線追跡による戻り光の解析結果が表示されています[4)p.67他]。これが理論の補完になっている感もあります。

6-7 CPC の特性について

● CPC の方程式

数式的に CPC 面を表現しようとするとき、媒介変数を用いた CPC 面の表示は、放物面の極座標表示を用いて可能です[4]p.63。図 6-18(a) に角度 φ がどのように定義されるかが示されています。この角度を用い、同じ座標系 (r, z) を用いて、メリディオナル面内の CPC 面の方程式は以下のように得られます。

$$y = r\sin(\varphi - \theta_{\max}) - a'$$

(X)式より

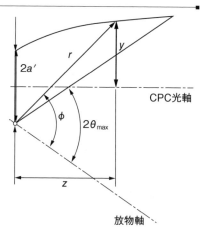

図 6-18(a) CPC 面の表示

$$y = \frac{2f}{1-\cos\varphi}\sin(\varphi - \theta_{\max}) - a' \quad (1)$$

また

$$z = r\cos(\varphi - \theta_{\max})$$

$$z = \frac{2f}{1-\cos\varphi}\cos(\varphi - \theta_{\max}) \quad (2)$$

ここで、6-3 項(5)式より $f = a'(1+\sin\theta_{\max})$ です。

もし方位角 ψ を導入すれば（図 6-18(b)）、完全な CPC 面のパラメトリックな方程式が手に入ります。メリディオナル断面内については(1)式で得られるので、それを x 方向、y 方向に成分分解して

$$\begin{aligned}
x &= \{2f\sin\psi\sin(\varphi - \theta_{\max})/(1-\cos\varphi)\} - a'\sin\psi \\
y &= \{2f\cos\psi\sin(\varphi - \theta_{\max})/(1-\cos\varphi)\} - a'\cos\psi \quad (3) \\
z &= 2f\cos(\varphi - \theta_{\max})/(1-\cos\varphi)
\end{aligned}$$

とできます。

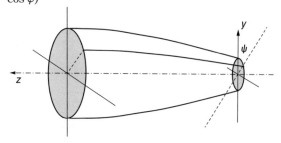

図 6-18(b) CPC 座標の回転

6-8 非結像系と結像系の集光比

CPC は最高の集光比

$$C_{max}=n'^2/(n^2\sin^2\theta) \quad (1)$$

に近い集光力があることがわかりました。この指標が表しているのは、どれだけ多くのエネルギーを光学系で取り込めるか？ということではなく、どれだけ密度を高く、熱力学的には高い温度で光を集められるのか、ということです。

さて、ここで、一般的な、球面収差が補正されていて、正弦条件が満たされ、画面中心付近のコマ収差が除去されている結像光学系を、集光

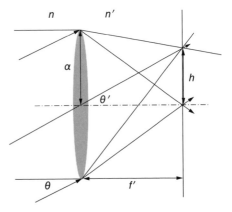

図 6-19 結像系による集光

にそのまま用いた場合との集光比の比較を行ってみましょう。図 6-19 にあるように無限遠からの最外角光束の入射角度 θ、像界でのその主光線の角度を θ'、焦点距離を f、入射面半径を a、像の半径を h とし、物界、像界の屈折率をそれぞれ n、n' とした場合、入射開口面積 S、射出開口面積 S' はそれぞれ

$$S=\pi a^2$$
$$S'=\pi h^2$$

と表されます。ここで、より有利な射影関係、5-7 項(4)式、

$$h=(n/n')f'\sin\theta$$

を考えて

$$S'=\pi(n/n')^2 f'^2\sin^2\theta \quad (2)$$

よって集光比 C は

$$C=\pi a^2/(\pi(n/n')^2 f'^2\sin^2\theta) \quad (3)$$

また、F ナンバーの定義から

$$F=f'/(2a) \quad (4)$$

なので (3)、(4)式より

$$C=n'^2/(4n^2 F^2\sin^2\theta) \quad (5)$$

よって、(1)式と比較して、例えば F1.4 の明るいレンズを使っても、1.4×1.4×4

＝7.84 倍、CPC の集光力が上回ることになります。これはかなり大きな差ですが、結局、CPC は 6-3 項で述べました通り、θ' を実際に 90 度近くまで大きくすることができます。片や結像系として完成されているレンズは球面収差、コマ収差などの収差を補正するために結像論的に射出開口（結像系の場合、像の大きさ）を小さくすることに限界が生じていると考えることができます。

6-9 有限距離に光源がある場合の集光器について

ここまでは単純に太陽発電装置をイメージした、光源が無限遠にある場合の集光器について考えてきました。しかしより広く照明系一般に対してはむしろ、有限距離の光源の光を、ここまでの手法を使って集光することを考えるのは、より有意義なことであります。これまで検討してきましたエッジ光線原理により非常に明快に、その構造を考えることができます

図 6-20 において AA′ を有限位置の光源、そして Q、Q′ を望ましい吸収装置（エネルギー取り込み素子）の位置とします。ここで、もしエッジ光線原理を用いるとすれば、今回は明らかに A と Q を二つの焦点とする、P′Q′ を結ぶ楕円の一部を用いるべきことは明白でしょう。3D の場合にはこの線分を PP′、QQ′ の中央を通過する回転対称軸について回転させて立体形状が得られます。

ここで、2D システムを用いて、AA′ から光学系に入射したすべての光線は QQ′ から出現できるということに注目して（基本的な CPC におけるのと同じ理由で）、この光学系が最大の理論的集光力を持っていることを示します。また幾何学によってこの系の幾つかの量について計算してみます。

図 6-21 には光源 AA′＝2η と距離 z 離れた口径 PP′ が描かれています。もし y が口径の中央からの距離として測られているとすれば、エタンデューは以下のように計算できるはずです。

本来エタンデューは以下の通り表されます。

$H(3D) = n^2 \cos\theta dS d\Omega$　　　(1)

$H(2D) = n \cos\theta d\theta dy$　　　(2)

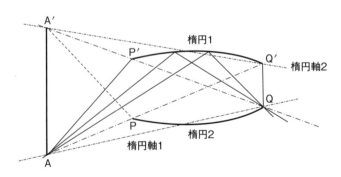

図 6-20　光源が有限距離にある集光器

6-9 有限距離に光源がある場合の集光器について

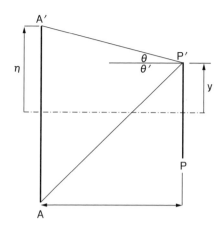

図 6-21 入射開口上の 2D エタンデュー計算

また、$d(\sin\theta)=\cos\theta d\theta$ なので(2)式の積分は

$$\int n\cos\theta d\theta\,dy = n\int d(\sin\theta)dy \quad (3)$$

よって $n=1$ とすれば上式右辺の形で 2D の場合のエタンデューの積分が得られることになります。すると

$$\int d(\sin\theta) = \sin\theta = [\sin\theta]_{\theta'}^{\theta}$$

よって、y について積分すれば、

$$\iint d(\sin\theta)dy = \int_{-y\max}^{y\max}\left\{\frac{\eta-y}{\sqrt{z^2+(\eta-y)^2}} + \frac{\eta+y}{\sqrt{z^2+(\eta+y)^2}}\right\}dy \quad (4)$$

と結果が得られます。因みに(4)式右辺積分内中括弧内第 1 項は図 6-21 の A′P′ を斜辺とする直角三角形の sin を第 2 項はその三角形と逆さまの AP′ を斜辺とする直角三角形の sin を表しています。そして上記積分は以下の形にできます(微分してみると確認できます。)。

$$= \left[-\sqrt{z^2+(\eta-y)^2}+\sqrt{z^2+(\eta+y)^2}\right]_{-y\max}^{y\max}$$
$$= A'P+AP'-(A'P'+AP) \quad (5)$$

光源面と開口の関係に回転対称性がある一般的な状態を考えれば

$$= 2(AP'-AP) \quad (6)$$

とできます。ここでは(3)式の通り $d\theta$ で積分したのと同じ結果になる訳ですが、角度ではなく y 座標で定積分を行う形になっています。

6-10　Hottel によるエタンデューの表現

前項で導きました 6-9 項(5)式の非常にシンプルな表現は、光源と開口の位置関係に回転対称性がなくても正しいエタンデューを得るための公式となります (Hottel (1954))[4]p.85。

さて、ここで前項 6-9 項図 6-20 に戻りましょう。楕円の 2 焦点を結ぶ光線の光路長が等しいという基本的な性質から明らかに、

$$AP+PQ'+Q'Q=AP'+P'Q$$

さらに、楕円 CPC が回転対称であることにより、

$$AP'-AP=Q'Q \quad (7)$$

の関係が得られます。また同様に楕円 2 についても

$$A'P'+P'Q+Q'Q=A'P+PQ'$$
$$A'P-A'P'=Q'Q \quad (8)$$

従って、(7)(8)式を辺々加えると 6-9 項(5)式よりエタンデューは $2Q'Q$ としても得られます。元々 2D のエタンデューは 6-9 項(2)式で表されますので、それを 6-9 項(3)式左辺にある形で積分していって

$$H(2D)=2\int_{-y_{\max}}^{y_{\max}}[\sin\theta]_0^{\theta_{\mathrm{MAX}}}dy=2\int_{-y_{\max}}^{y_{\max}}dy=2QQ' \quad (9)$$

としますと、ここまでの検討結果と一致しますが、実はこのやり方では角度の積分範囲上限を表す θ_{MAX} が決められません。前項の結果、そして前項(4)式からすると、$\theta_{\mathrm{MAX}}=\pi/2$ でなければなりません。従いまして射出開口 $Q'Q$ は光軸に対して直交しているので、この射出開口面上の点から出射するすべての光線の方向余弦は ± 1 の間に一様に分布していることになります。ということはこの集光光学系は理論的に最大集光比を達成していることがわかります。

それにもかかわらず、実際にはこの 3D システムにおいても、基本的な CPC の場合と同じように、いくつかの光線は後戻りをします。そういう意味では、本当に理想的、というわけではありません。

6-11　2D 集光器における最も一般的な設計原理

　この項では 2D 集光器において汎用的な設計の原則について整理してみましょう。まずは任意の形状を与えられた、入射面と射出面が任意の屈折率分布の領域を囲んでいたり、囲まれていたりすることを仮定して話を始めます。これらのそれぞれの面上には多くの最外角光線の到着位置が分布しています。最外角入射光線から中央（角度）部の光線まで総てを、光学系中を透過させること、つまり最適化された集光器を設計可能とするための設計の一般論を検討してみましょう。

　図 6-22 にあるように AB、A′B′ という二つの面を考え、最外角光線の形成する光束上の波面、$\Sigma_\alpha \Sigma_\beta$ 上の点から光線がやってくるように AB は照明されているとします。同様に中間角度の光線たちは別の波面に属していることになります。従って、光線の総体としては結局、線上（2D で考えていますので）に並んだ点光源から光線はやってくるように見えます。従って最終的には光線の全アンサンブルが形成する、点光源の並ぶ線光源から光線がやってくるような形になり、そしてさらに光線たちは波面と開口の間の媒質（不均一であってもかまいません）により開口 AB をただ満たすように再編成されます。これらの光線たちはエタンデュー H を形成しています。以項 6-12 項では、そこでのエタンデュー H を導出してみます。

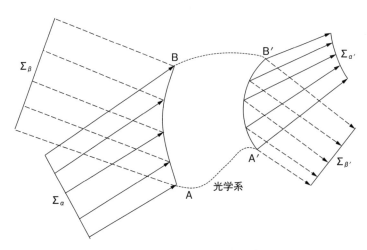

図 6-22　最外角光束と集光系

第6章 エッジレイ・メソッドの考え方（量的照明系設計2）

　ここで、AB と A′B′ の二つの面の間に（ここも不均質媒質で満たされているかもしれません。）どうやって、入射面上の光束をエタンデューのロスなく射出光束とするための光学系を設計したらよいか考えてみましょう。

　この問いに答えるために参考文献4) p.108 においては、新しい設計原理（エッジ光線原理がそこから上手く導けるような）の内容を以下のように仮定しています。

：AB と A′B′ 間の光学系は以下のような役割を果たせなければならない。波面 Σ_α からの光束を、射出後、どこかに（無限遠かもしれません）厳密に点像として結像せしめ、Σ_β からの波面に対しても同じ結像を齎せる能力のあること。

　ここでの厳密とは、開口 AB で制限される波面 $\Sigma\alpha$ からのすべての光線は A′B′ をそのまま満たし、光線が欠けることも、A′B′ に隙間を生むこともない、ということを意味しています。$\Sigma\beta$ から考えても同様です。

　ここで、これまでのエッジ光線法との関連を考えるために図 6-23 をご覧ください。CPC のような集光器に波面 $\Sigma\alpha$ からの最外角光線が入射しています。射出波面（ここでは収束波面）である $\Sigma'\alpha$ も描かれています。明らかに上記新原理が満たされています。そして、このシステムを少しいじっていきます。射出波面 $\Sigma'\alpha$ の焦点 F を開口エッジ A′ に移動させます。このとき、CPC の正式な構造も、エッジ光線法の原理も同時に成立しています。ですから我々の新原理は、以下のように言い直した方がよいかもしれません。

：光源面における最周辺の、波面のオリジンである点光源（非常に遠方にあるかも知れませんが）は、光学系を通じて、入射開口と射出開口をちょうど満たす光線たちにより結像されなければならない。[4)p.109]

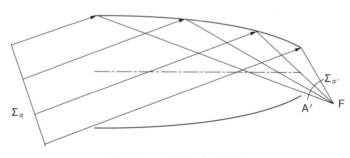

図 6-23　集光器と収束波面

6-12 2D 集光器における一般的な設計手法

前項の原理が多くの一般的な問題にどんなに役立つのかを知るために、最初に、如何にして、前項 6-11 項図 6-22 にあるような任意の形状の曲率を持った開口曲面についてエタンデューを計算するのかを示します。

ここで変分法の概念による Hilbert 積分[9)p.390]を用います。ここでの参考文献では、Hilbert 積分は一点から出た光線により形成される（同族）光束を横切る任意の経路 P_1P_2 において、以下のように表されます（図 6-24）。

$$I(1,2) = \int_{P_1}^{P_2} n\bm{k} \cdot d\bm{s} \quad (1)$$

ここで n はその場の屈折率、$\bm{k}$ は積分経路中のカレントな場所における光線の方向に沿った単位ベクトル、そして $d\bm{s}$ は積分経路 P_1、P_2 に沿った線素ベクトルです。これらのベクトルの内積を加えていくわけです。ですから同じ波面上に P_1 と P_2 をとれば、波面に光線は直交しますので $\bm{k}$ と $d\bm{s}$ の内積は 0 になり、I の値は 0 になります（図 6-24）。結局、$I(1, 2)$ は単純に、任意の点 P_1、P_2 を通過する二つの波面間のどの光線経路にもあてはまる共通の光路長を表していることになります。波面間の光路長はどの光線に沿っても等しい訳ですから、それ故、そのような光路長の保存を前提としてしまえば、結果は積分経路の形に依存しないことにもなります。

さて上記の理屈を、図 6-25 にあるビームのエタンデューを求めることに用いてみましょう。Σa 光束上の A、B 点についての Hilbert 積分は以下のように表現できます。

$$I_a(AB) = \int_A^B n \sin \varphi ds \quad (2)$$

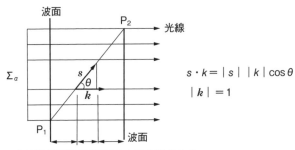

図 6-24　Hilbert 積分

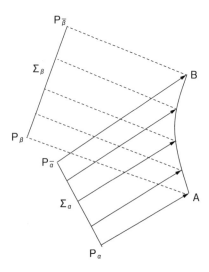

図 6-25 開口と波面の関係

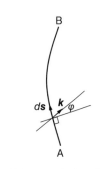

図 6-26 角度の定義

ここで、φ は積分経路に沿う線素 s の法線に対する光線の入射角です（図 6-26）。(1)式における内積では $\cos(\pi/2-\phi)$ と計算するので $\sin\varphi$ となります。平均化の手続きを表す括弧〈 〉（$\sin\varphi$ の平均をとっています。φ の平均ではありません）、そして AB 間の長さを L_{AB} とすれば(2)式は

$$I_\alpha(AB) = \langle n\sin\varphi\rangle L_{AB} \quad (3)$$

とできます。

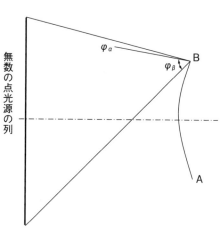

図 6-27 曲線 AB 上のエタンデューを求める

　点光源の並ぶ線（光源）からの光線が開口 AB を満たしているわけですから、エタンデュー H は 6-9 項(3)式の時と同じように考えられます。ただここでは開口 AB が曲線であることも想定していますので、角度は微小面要素の法線と光線の為す角度 φ（s での積分中変化します）を用いて

$$H = n\iint d(\sin\varphi)ds = n\int_A^B \{\sin\varphi_\alpha - \sin\varphi_\beta\}ds \quad (4)$$

と計算できます（図 6-27）。

6-13　一般的な設計手法の適用

光束 α、β における光線はそれぞれ最外角光線となります。φ_α、φ_β は s による積分中に値を変えるのですが、最外角光束については前項 6-12 項(2)式において積分結果が Hilbert 積分として考察されています。よって 6-12 項(4)式から、6-12 項(2)式を考慮して、

$$H = I_\alpha(AB) - I_\beta(AB) \quad (5)$$

となります。また、前項 6-12 項(3)式は以下のように光路長 [　] の差を考えることになります（**図 6-28**）。

$$I_\alpha(AB) = [P_{\bar{\alpha}}B] - [P_\alpha A] \quad (6)$$

よって(5)式よりエタンデュー H は以下のようになります。

$$H = [P_{\bar{\alpha}}B] + [P_\beta A] - [P_\alpha A] - [P_{\bar{\beta}}B] \quad (7)$$

この結果は 6-9 項(5)式における波源を遠方に離して、媒介として波面をその中間に考えた場合の、一般化と捉えることもできます。

さてここで、**図 6-29** にあるように入射最外角光束を射出最外角光束へと変換する機能を持つ中間光学系について考えてみましょう。入射波面 $\Sigma\alpha$ を射出波面 $\Sigma'\alpha$ へ、同様に $\Sigma\beta$ を $\Sigma'\beta$ へと、エタンデューのロスなく変換することが望まれます。$P_{\bar{\alpha}}$ から $P'_{\bar{\alpha}}$、そして $P\alpha$ から $P'\alpha$ までの光路長は等しいと置けて、他の波面についても同様な関係が見いだせて、

$$[P_{\bar{\alpha}}B] + [BA']_\alpha + [A'P'_{\bar{\alpha}}] = [P_\alpha A] + [AB']_\alpha + [B'P'_\alpha] \quad (8a)$$

$$[P_\beta A] + [AB']_\beta + [B'P'_\beta] = [P_{\bar{\beta}}B] + [BA']_\beta + [A'P'_{\bar{\beta}}] \quad (8b)$$

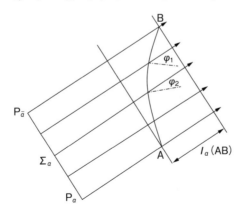

図 6-28　Hilbert 積分で重要な光路差

第6章 エッジレイ・メソッドの考え方（量的照明系設計2）

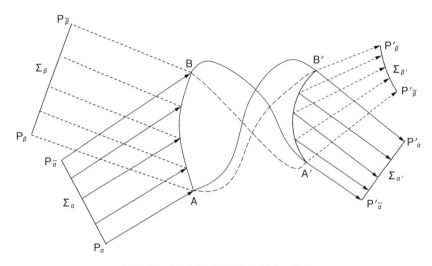

図6-29 最外角波面と光線経路の関係

ここでの大かっこの添え字 α、β 等は光線が属する波面を表しています。これらの式を辺々加えて移項して整理すれば

$$\{[P_{\bar{\alpha}}B]+[P_{\beta}A]-[P_{\alpha}A]-[P_{\bar{\beta}}B]\}-\{[A'P'_{\bar{\beta}}]+[B'P'_{\alpha}]-[A'P'_{\bar{\alpha}}]-[B'P'_{\beta}]\}$$
$$=[AB']_{\alpha}-[AB']_{\beta}+[BA']_{\beta}-[BA']_{\alpha} \quad (9)$$

となります。この式の左辺は(7)式との比較から、入射開口と射出開口でのエタンデューの差を表していることが一目瞭然です。当然、この差がなくなることが望むところでありますので(9)式の右辺を0とすることが必要です。そのための最も単純な考え方は、α、β 両波面から、AからB'に至る光線の光路長を合わせ、BとA'を通過する光線も同様に光路長を合わせるようにできる光学系を用いることです。

　ここで、こうした光学系を実現させる方法を考えましょう。まず、$\Sigma\alpha$、$\Sigma\beta$、点A、B、そして逆側の $\Sigma'\alpha$、$\Sigma'\beta$、点A'、B'が定まっている状況で、エタンデューのロスなくこうした入射界と射出界が成立するための、それらの中間に存在する光学系を設計することが目的です。そのためにはまず、A、A'を結ぶ側のミラー面の入射端の部分を、波面 α と β からくる光線のなす角度を2等分する角度で設置します。この様な手続きをとることにより、P_{α}A と P_{β}A の光線が二つの口径 AB、A'B' 間で同じ光路長をとることになります。言い換えますと、これら二つの最外角光線はこの開口の間の区間で、"一つになる"ということです。

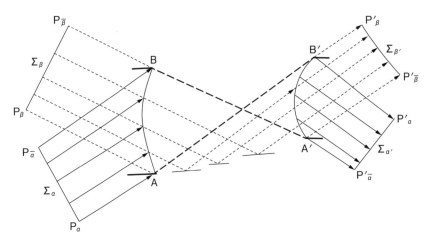

図 6-30 2D 集光器鏡面の設計

そして、今度はこのようなルールとは無関係に、ミラー面形成をただ、より内側の β 光線がすべて関連づけられる射出 β' 光線とつながるように続けていきます。このことは β 光束が β' 光束として完全に対応していることを表します。同様なことを開口の逆の B、B′ 側に対しても行います。これで完成です。最外角光束は総て射出開口を通過し所望の波面を形成することになります（図 6-30）。

6-14 フローライン設計

前項ではエッジレイ法をより汎用化し、所望の波面出力を得るための考え方について触れました。ここではその発展形としてより具体的な設計手法、フローライン法[4)p.115, 5)p.125]というものについて触れさせていただきたいと思います。

さて、二つの波面 $\Sigma\alpha_1$、$\Sigma\beta_1$ があります。$\Sigma\alpha_1$ が $\Sigma\alpha_2$ へ、同様に $\Sigma\beta_1$ が $\Sigma\beta_2$ へと進化します。二つの波面 $\Sigma\alpha_1$ が $\Sigma\alpha_2$ 間の光路長は一定で等しくそれを光路長 S_{A1A2} といたしましょう。$\Sigma\beta_1$ についても全く同様に S_{B1B2} を考えます。ここで、波面の間に図 6-31 のように点 P をとります。$S_{A1}S_{A2}S_{B1}S_{B2}$ を図にあるように P で交わる光線に沿ってのそれぞれの波面から P までの光路長とします。よって、

$$S_{A1}+S_{A2}=S_{A1A2}$$
$$S_{B1}+S_{B2}=S_{B1B2} \quad (1)$$

とできます。

ここで、これら波面間に両面ミラー m を置くことを考えます。$\Sigma\alpha_1$ からの光を $\Sigma\beta_2$ へ、$\Sigma\beta_1$ からの光を $\Sigma\alpha_2$ へと反射する効果を形状的に持たせます。この効果は、$\Sigma\alpha_1$ からと $\Sigma\beta_1$ からの光線の角度を 2 等分することにより達成できます（当然、ミラー面の法線も 2 つの光線の角度を、ミラー面の両側において 2 等分することになります）。そして、$\Sigma\alpha_1$ から $\Sigma\beta_2$ へ、$\Sigma\beta_1$ から $\Sigma\alpha_2$ へと光線は反射されて、

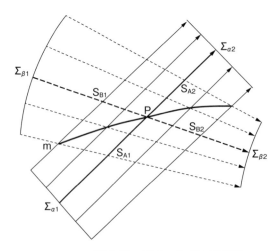

図 6-31　フローラインの定義

realな波面同士の関係が起こります。従いまして

$S_{A1}+S_{B2}=S_{A1B2}$

$S_{B1}+S_{A2}=S_{B1A2}$ (2)

と表現できます。この表現はミラー m の表面形状を決めるのに用いることができます。任意の P を動かしていき、$\Sigma\alpha_1$、$\Sigma\beta_2$ 間の光路長を一定になるようにすればよいのです。あるいは P から $\Sigma\beta_1$、$\Sigma\alpha_2$ 間にも同じ光考え方が成立します。

さて、ここで(1)(2)式を組み合わせて、ミラー m 上の点に対して以下の式を得ます。(1)(2)式の右辺の量はそれぞれ一定の値をとりますので、

$S_{A1A2}-S_{B1B2}=$const.

$S_{A1B2}-S_{B1A2}=$const.

よって(1)(2)式を用いて整理していけば、

$S_{A1}-S_{B1}-(S_{B2}-S_{A2})=$const.

$S_{A1}-S_{B1}+(S_{B2}-S_{A2})=$const.

辺々加えて

$S_{A1}-S_{B1}=$const. (3)

となり、P においては $\Sigma\alpha_1$、$\Sigma\beta_1$ 双方からの光線の光路差は常に一定値 G になります。この P を繋げてできる G=const. な線は双方の光源からの光の位相の等しい、光路長の等しいところを表していることになります。$\Sigma\alpha_2$、$\Sigma\beta_2$ から考えても全く同じ理屈が成り立ちます。この線を（直線でも、曲線でも構いません）をflow-lines（流線）と呼びます。

6-15　フローライン間のエタンデューの保存

図6-32にあるように面光源ABからの2組のエッジ光線について考えてみましょう。点Qにおいてエッジレイは角度αで交わっています。QがABに近づくほどαは大きくなっていきます。最大値はAB上で$\alpha=\pi$です。AB上では放射はランバシアン（1-12項）としましょう。光は法線に対して$\pm\pi/2$の角度内で放射されます。一定の線Gはここでは双曲面です。図6-32ではランバシアン光源ABとフローライン（等位相線G）が書き込まれています。双曲面においては両焦点をA、Bとすれば双曲面上の任意の点Pにおいて

$$[P, A] - [P, B] = \text{const.} \quad (1)$$

なる関係が成立します。それ故、ここで用いているGは双曲面（6-2項）とわかる次第です。

さてここでは、波面$\Sigma\alpha$、$\Sigma\beta$はそれぞれA、Bを中心とする球面波とします。図6-32では波面$\Sigma\alpha$が$\Sigma\alpha_1$、$\Sigma\alpha_2$に、波面$\Sigma\beta$が$\Sigma\beta_1$、$\Sigma\beta_2$に、なった状態が描かれています。ABにおいてはGは光源面に直交します。

さて、いよいよここで、Pを通る流線に沿って、両面ミラーを配しましょう。ミラーを配する前は光線r_1、r_2によって図6-33にあるように点Pは規定されます。ミラー配置後、光線束は二つに分離され図6-34のような状況になります。

入射光束はb_1とb_3に分けられます。ミラーがそこになければ、光束b_1はb_4として、b_3はb_2として射出します。しかし、b_1はb_2として、b_3はb_4として反射されます。エッジ光線r_1、r_2をミラーは2等分するので、光束b_1とb_3は（b_2とb_4も同様に）線対称になります。ミラーの左側の領域では、光束b_3はやって

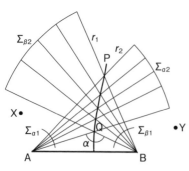

図6-32　エッジ光線とフローライン

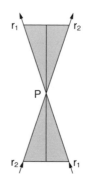

図6-33

図6-34

きません。邪魔されます。ですが b_1 が反射し b_2 が発生します。ですからこの事象二つに関する限りはキャンセルし合います。ミラーの右側でも同じ現象が起こります。結局、こうしたことから次のことが言えます。

"ミラーを導入することによって放射場は影響を受けない。"

この意味は、フローラインに沿ってミラーがあっても、なくても、図 6-32 における任意の点 X, Y 点においては同じ放射場が観測されるということです。

さらにここで、**図 6-35** のように一般的なフローライン G_1 と G_2 を定めましょう。またこの線上においては光路差をそれぞれ G_1、G_2 とします。曲線 C_Q は G_1 と Q_1、G_2 と Q_2 という交点を持ちます。ここで、光路長の間に以下の関係があります。

$G_1 = [BQ_1] - [AQ_1]$

$G_2 = [BQ_2] - [AQ_2]$ (2)

辺々引きますと

$G_1 - G_2 = [BQ_1] + [AQ_2] - ([AQ_1] + [BQ_2])$ (3)

となります。ここで、6-13 項(7)式より、6-9 項(5)式 Hettel の式の形を、(3)式に当てはめることができ、そのままエタンデュー H は(3)式によって表されることがわかります。

また、交点 P_1、P_2 を持つ曲線 C_P 上でも同様に

$G_1 - G_2 = [BP_1] + [AP_2] - ([AP_1] + [BP_2])$ (4)

となり、やはり(3)式と同じ量をを表し、(6-12 項で考えたように) これら二つの曲線上を横切って放射されるエタンデューは等しいことになります。また P_1、P_2 の選択にはそれぞれのフローライン上であれば自由度があり、二つのフローラインの間ではエタンデューが保存される、と結論づけられます。

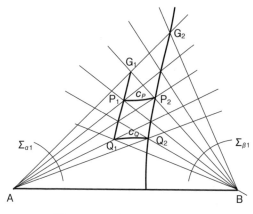

図 6-35 二本のフローライン

6-16　フローライン設計の実際

フローラインの間では、エタンデューが保存されることをノンイメージング光学系の設計に利用することができます。以下の手法では、二つの流線に沿ってミラーを配して、そこで光を導き、かつその流線間のエタンデューは保存されているという手法です。この理由によりフローライン設計法とも呼ばれます。この原理に従って設計例を示します[4)p.124]。

最初に、前項 6-15 図 6-32 の状況を発展させていきましょう。完全拡散面光源 AB の生む、Q_1P_1、Q_2P_2 の対称形の二つのフローラインを**図 6-36** にあるように定義します。流線の間のエタンデューは保存されます。それ故、P_1、P_2 の間の曲線 C_P 上の放射のエタンデューは Q_1 と Q_2 の間の C_Q 上のエタンデューと同じです。C_Q 上では完全拡散光源であり $\pm\pi/2$ の間で光は放射されます。しかし、C_P 上の点 V では、B、A を指し示す r_1 と r_2 の光線が交差しています。

もし、このフローライン、Q_1P_1、Q_2P_2 をミラーとすれば、前項で触れた通り放射場のパターンは何も変わりません。V においてはミラーがないときと同じ放射場が見えるということです。しかしこの放射が、AB からくる代わりに、今回は Q_1Q_2 の面光源部分からミラーに導かれてきています。C_P を横切る光は未だ

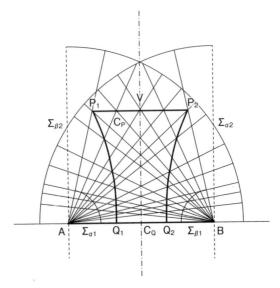

図 6-36　フローラインによる集光器

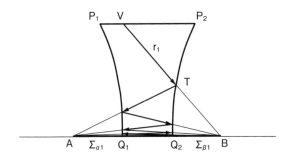

図 6-37　双曲面鏡による集光の原理

に光源 AB からきているように見えます。

　もしここで光の方向を逆にして、CP を AB の方向に光を放射する光源だと考えてみましょう。Q_1P_1、Q_2P_2 のミラーは、今度は Q_1Q_2 に向けて、そこが完全拡散面になるように、この放射を集光させます。**図 6-37** はこの可能性について 2D で図示しています。そこでは AB に向かう P_1P_2 からの光がミラー Q_1P_1、Q_2P_2 の間を跳ね返され行きつ戻りつして Q_1Q_2 に達しています。例えば点 V に関して B に向かい放射された光線 r_1 はミラーの右側で反射され、フローラインの性質から逆側の焦点である A に向かいます。∠VTA の 2 等分線と、T における P_2Q_2 の面法線は一致します。左側のミラーは今度は B に向かい光線を反射します。この過程は光線が Q_1Q_2 に達するまで続きます（厳密に言えば無限の回数繰り返すことになりますが）。同様なことが V から A に向かう光線 r_2 についても起こります。r_1 と r_2 の中間の光線はやはりミラーに跳ね返えされて Q_1Q_2 に届くか、直接無反射で届くかどちらかです。

　この集光器はその形からトランペットとも呼ばれ、P_1P_2 を通って AB に向かうすべての放射を最大限に Q_1Q_2 に集めることができます。P_1P_2 から AB に向かうエタンデューは、フローラインの間のエタンデューは保存されて、そして Q_1Q_2 における光線の到達最大角度は $\pm\dfrac{\pi}{2}$ に及び、この集光器は理想的であることがわかります。3D の場合の skew（捩れ）光線についても同様の考えが成り立つことが参考文献[4]p.271 に証明されています。

6-17 波面収差とSMS設計法

図 6-38 より P から Q までの光路長は

$$S = n_1 d_1 + n_2 d_2 + n_3 d_3 \quad (1)$$

となります。図 6-39 は波面 w_1 に直交する光線 r_1 から r_3 のセットが描かれています。C 面で屈折した後、光線たちは今度は波面 w_2 と直交しています。図にあるような角度、

$$n_1 \sin \alpha_1 = n_2 \sin \alpha_2$$

で C 上にて屈折します。

ここで二つの光線についての光路長を考えます。これらの光線は C 上の近隣の位置 $C_1 = c(\sigma)$、$C_2 = c(\sigma + \Delta \sigma)$、微小な距離 dc 離れた 2 点を通過します (図 6-40)。

C_1 を通る光線の光路長は

$$S_1 = n_2(d_{10} + d_8) + n_1 d_7 \quad \text{もしくは}$$
$$S_1 = n_2 d_8 + n_2 dc \sin \alpha_2 + n_1 d_7 \quad (2)$$

C_2 を通る光線の光路長 S_2 は

$$S_2 = n_1(d_5 + d_9) + n_2 d_6 \quad \text{もしくは}$$
$$S_2 = n_1 d_5 + n_1 dc \sin \alpha_1 + n_2 d_6 \quad (3)$$

とできます。さらに図 6-40 から

$$d_5 = d_7, \quad d_6 = d_8, \quad n_1 \sin \alpha_1 = n_2 \sin \alpha_2$$

それ故、$ds = S_2 - S_1 = 0$ とできます。従って w_1、w_2 の間では近隣光線は同じ光路長を持つことがわかります。そして、これら二つの波面の間では、全ての光線が同じ光路長を持つことになるのを、この近隣光線の関係から知ることができま

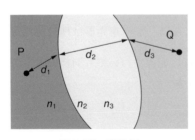

図 6-38 光路長

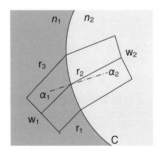

図 6-39 光線の境界面における屈折

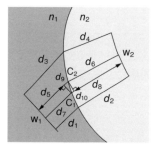
図6-40 近傍光線の光路差

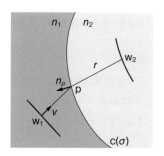
図6-41 点Pの決定

す。w_1 上の離れた点 A、B を出て、それぞれ屈折面 C 上の点 σ_A、σ_B で屈折する光線の光路差 $S_B - S_A$ を考えますと、上記検討の通り、この積分領域全てで近隣光線の光路差が 0 であることから、位置 σ の変化に対する光路長 S の変化率、グラフの傾きは 0 となることがわかり、変化の累積である $S_B - S_A$ は 0 となります。これら 2 点を通る光線の光路長は等しいのです。

一般的に波面 w_1、w_2 の間の光線は全て等しい光路長を持っています[3]p.20。Malus の定理から波面は屈折、反射の後も形成され続けることが知られています[1]p.19, [3]p.21。多くの面を経て光線が伝播する時も、光路長は一致します。

さてここで、光線 r が点 w_1（波面 w_1 上の）から方向 v に向けて出発しています（図6-41）。さらに波面 w_2 上の到着点の座標、もしくは波面 w_2 の形状、どちらかが与えられている時、波面 w_1、w_2 間の光路長が与えられれば、v に沿った線上にある位置 P を決めることができます。こうした条件のもとでは、v に沿っては特定の値、$S = n_1\{w_1, P\} + n_2\{P, w_2\}$ となる点 P は一つしかないのです。S は w_1 から w_2 までの光路長です。{ } は光路長ではなくて、ただの物理的距離を表します。この点 P では、屈折率 n_1、n_2 を分ける境界面 C 上での屈折が起きます。P における入射と屈折光線の方向はわかっているので（w_2 に直交しますので）P における $c(\sigma)$ 面の法線ベクトル $\boldsymbol{n}_p$ をスネルの屈折則を基にして計算することもできます。この原理は 3 次元的に捻れた光線にも適用できます。そして w_1 に沿って w_1 点を動かして（図6-39 の光線 r_1、r_2、r_3 のように）、w_1、w_2 間の光路長は一定であるという事実から、屈折面 $c(\sigma)$ 全体の形状を計算することもできます。こうした内容は $n_1 = n_2$ の反射の場合にも成立します。このテクニックを用いてレンズを設計する手法の例を次項で解説します。

6-18 SMSを利用した設計法

前項の結果はノンイメージング集光器の設計にも用いることができるでしょう。図 6-42 には放射源 E_1-E_2、受光器 R_1-R_2、その間に、光学面 c_1、c_2 でできている光学系が描かれています。波面 w_1、w_2、w_3、w_4 は E_1、E_2、R_1、R_2 をそれぞれ中心とする同じ半径の円となっています。

ここで、最初に波面 w_1、w_4 の間の光路長、S_{14} の値を決定します。さらに初期点 P_0 と、そこでの屈折面法線 n_0 をレンズの第一面である面 c_1 上に選びます。そして w_1 と直交して P_0 を通る光線 r_1 を考えましょう。P_0 における法線 n_0 から、レンズの中に屈折していく光線 r_1 のレンズ内での角度を、屈折率が決まれば計算することができます。また、w_1 と P_0 の間で光線が経る距離から、P_0 から w_4 までの光路長も知ることができます（w_1-w_4 の光路長は決まっているので）。そして前項で考えたように c_1 上の点 P_1 とそこでの法線 n_1 を決めることもできます。さてここで、系の対称性を仮定すれば、w_3-w_2 の光路長も S_{14} に等しいことになります。ここから同じ手続きを繰り返します。w_3 で垂直な光線 r_2 が P_1 に到達します。ここでの法線 n_1 はわかりますので r_2 のレンズ内の屈折後の角度がわかります。そして w_3-P_1 間の距離がわかっているので、P_1 から w_2 までの距離もわかります。それ故、c_1 上の P_2 の位置、法線ベクトル n_2 も決まります。次のプロセスは繰り返しで光線 r_3 にやはり S_{14} を適用、レンズの裏面 c_2 面上で新しい点

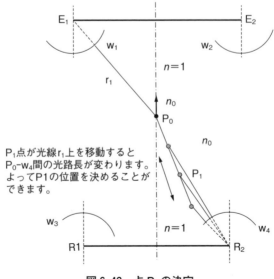

図 6-42 点 P_1 の決定

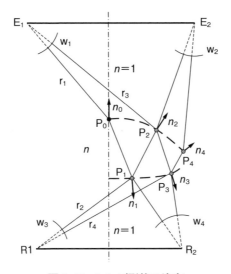

図 6-43　レンズ形状の決定

P_3、法線 n_3 が決まります。光線 r_4 について同じことが繰り返されます。これは P_3 を狙い w_2-w_3 の光路長が S_{14} に等しいことを利用して c_1 上に P_4 と n_4 を得ます。また別の光線 r_5 は結局、c_2 上の新しい点 P_5、法線 n_5 をもたらします。この過程をずっと繰り返していきます。レンズ表と裏に点を配置していくことになります（図 6-43）。かなり離散的な配置でも、その点の面の傾きがわかるので、かなり精度の高い、面の形状指定ができます。このレンズはなんと、E_1 を R_2 に、そして E_2 を R_1 に結像させる能力があることになります。基本的には最外角光束のみきちんと到達すればよいという、エッジレイ手法の考え方に基づいています。またこうしたレンズの具体的設計手法を示すものでもあります。これを SMS 法 (Simulteneous Multiple Surface method)[5]p.321 と言います。

　この手法は波面 w1 からの図 6-43 の紙面上に収まらない捻れた skew 光線にも、計算は大変になるかもしれませんが、対応できます。ところが、異なる波面からの、レンズ面上の同じ場所（或いはその近傍）に到達する光線を複数考えると、それぞれの光線に対しての解に矛盾を生じるようになります。ですから当然のことですが、上記のような単純な光学系で、結像光学系におけるように全画面の収差を単純に、良好に補正することはできません。ノンイメージング・オプティクスで重要となる射出（受光）開口上、一番、ギリギリのところにやってくる最外角光束によってレンズ形状を決めるというところが肝要です。

第7章

明るさの質を制御・
質的照明系設計

7-1　一般的な照明系、臨界照明、ケーラー照明

図 7-1 に透過物体を照らす照明系の最も原始的なモデルを示します。コンデンサーレンズは光源像を物体上に形成し、これを対物レンズで観測します。対物レンズは拡大された像を撮像素子上とかフィルム上に投影します。さらに接眼レンズを用いて像が網膜上に形成されることもあります。こうした照明法を臨界照明法・クリティカル照明法と呼びます。

ここで要求されることは、物体面上の十分な広さの領域を、十分な張り角 α で照明することです。照明系設計的に問題になるのは、光源が非常に小さい場合です。光源が非常に小さいと、同じ光束取り込み角 α_0 では取り込めるエネルギーも小さくなり（エタンデューが小さくなるので）、また被検物を照明する際に十分な照明領域を確保しようとすると結像倍率が大きくなり、角度 α が小さくなってしまいます（ヘルムホツラグランジュの 5-5 項参照）。従って物体面上の照度は下がります。もし、α を大きくとれば光源の像は小さくなってしまいます。この問題を解決するために一番よいのは取り込み角 α_0 を大きくすることです。ただしこれにはまず、サイズ的、形状的な制約があります。或いは光源の輝度を上昇させるかです（光源を取り換えることを意味しますが）。既述の通り、光源の輝度は像界でも変化はなく、像の輝きを支配する唯一のものは輝度なのです。

より手の込んだ精巧な顕微鏡照明法に図 7-2 のケーラー照明法[20]p.800 というものがあります。図にもある通り、照明系内の絞りが独立して集光角度と集光領域をコントロールすることができます。そしてクリティカル照明と異なり、光源の像が被検物体の上に形成されることはありません。ただし非常に小さな光源を使う場合の問題については、図 7-1 の照明系の場合とあまり変わりはありません。どうしても取り込み角 α_0 を大きくしたくなってしまいます。

ケーラー照明程洗練されていませんが、別のタイプの非常にパワフルな照明系

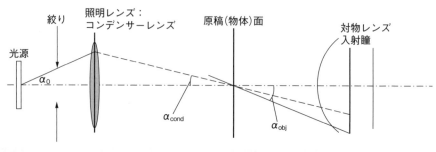

図 7-1　臨界照明

7-1 一般的な照明系、臨界照明、ケーラー照明

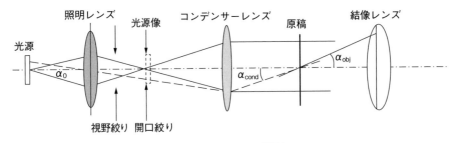

図 7-2　ケーラー照明

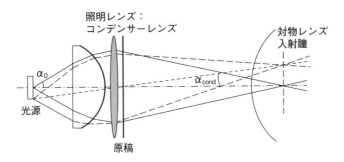

図 7-3　原稿面がコンデンサーレンズの直近にある照明系

の構成を図 7-3 に示します。ここにはスライド、液晶等のためのプロジェクターのコンデンサーシステムが表示されています。先の部分に 2 重のコンデンサーレンズが配されています。特に最初のレンズには非球面加工が施されていることが多いです。強い屈折力を単レンズで強引に実現しているので、収差で光線がどこかへ飛んで行ってしまうのを防ぐためです。このコンデンサー部により投影レンズの入射瞳上に光源像が形成されます。投影されるスライドはコンデンサー部のすぐ後ろに、熱吸収フィルター等を挟んで配置されます。ここで、均一に照明されます。はっきりとしたコントラストの高い像を得るためには、入射瞳一杯には光束を投入しない方がよいと言われています。顕微鏡照明の原稿面の照明角 α と対物レンズの取り込み角の間にもこうしたコントラストについての関係性があります。こうした内容も本来は照明系設計においては重要なものなのですが、2-2 項におけるのと同様に波動光学的知識が必要となるため、本書では 8-5 項で軽く触れていますが、詳細は割愛させていただきました。詳しくは参考文献 9) Ⅲ p.222、18) p.112、2) p.273 等をご参照ください。

133

7-2 歪曲収差と画面の明るさ

方眼紙の像を光学系で形成させた場合に、光学系の中心に角度 θ で射した光線が、同じ角度で光学系から射出するとすれば（正確には物体側主点[1]p.44 に入射して像側主点から出てくる）、**図7-4** でわかるように、以下の関係が成り立てば（射影関係）、像においても四角形のバランスは保たれ、像も相似的に方眼紙状になります[1]p.138。

$$h' = f \cdot \tan\theta \quad (1)$$

この時、原稿である方眼紙が完全拡散面であれば、像面上画面中心と h' のところの照度の比は一般的には

$$1 : \cos^4\theta \quad (2)$$

と表せます。4-3項(5)式の関係は光源の輝度と被照明面から光源を見込む角度のみによって得られますので（4-1項）、レンズによる像においての光軸上の照度と、角度 θ 方向の軸外像の照度の間にも一般的に成立します。しかし(2)式の成立のためには絞りがレンズの中心付近に存在することが必要になってきますが（瞳収差の項 7-10項をご参照ください）、ここではこうした条件下にあるとしましょう。

図 7-4 中心射影

また、(2)式成立のためには、4-3項図 4-7 の dp の面積が軸上と軸外で等しいことも必要条件なのですが、もし、ここで、物体面上で等しい距離に並んでいる点光源が、像面上では不等間隔で並び替えられてしまう現象、歪曲収差（**図7-5**）が発生していたら、と考えてみましょう。方眼紙を結像させる場合を考えると、もともと同じ大きさの方眼の四角が、画面中心（面積 ds_0）と周辺で違う大きさ（ds'）で投影されることになります。原稿上では画面上均一な発散度で光っているとすれば、照度は光束を面積で割ったものなので(2)は

$$1 : \cos^4\theta \times (ds_0/ds') \quad (3)$$

となります。小さい像になれば

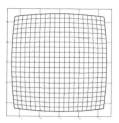

図 7-5 糸巻型歪曲収差（左）と樽型歪曲収差

そこに同じエネルギーが詰め込まれて照度は上昇します。

(3)式の面積比と θ の関係について調べてみましょう。四角では少し計算しにくいので扇形の面積を考えましょう(**図7-6**)。また、射影関係は未知の関数 $g(\theta)$ を導入して、$h'=f \cdot g(\theta)$ としましょう。光軸に対して回転対称であれば物体面上の動径の回転角度と像面上の回転角度は変わらないはずです。ですから、ds' の面積は

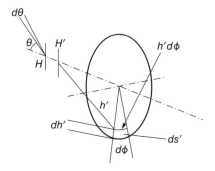

図7-6　歪曲収差の計算

$$ds' = \{f \cdot g(\theta+d\theta) - f \cdot g(\theta)\} \times d\phi \times f \cdot g(\theta)$$
$$= f^2 \{g(\theta+d\theta) - g(\theta)\}/d\theta \times d\theta \times d\phi \times g(\theta)$$
$$= f^2 \times g'(\theta) \times g(\theta) \times d\theta \times d\phi \quad (4)$$

として得られます。歪曲収差のない $h' = f \tan \theta$ の射影関係を基準と考えると、この時の微小面積を ds と表すと、(4)式に(1)式の関係を代入して

$$ds = f^2 \times (\sin \theta / \cos^3 \theta) \times d\theta \times d\phi$$

よって歪曲収差なしの場合と射影関係 $g(\theta)$ の場合の、原稿上面積 ds_0 との割合の比は

$$(ds'/ds_0) \div (ds/ds_0) = g'(\theta) g(\theta) \cos^3 \theta / \sin \theta \quad (5)$$

とできます。(1)式の射影関係の場合には $ds'/ds = 1$ になりますが

$$h = f \sin \theta$$

なる射影関係を考えてみるとこのときは(5)式より

$$ds'/ds = \cos \theta \sin \theta \cos^3 \theta / \sin \theta = \cos^4 \theta \quad (6)$$

となります。(3)式にこの関係を当てはめるとこの場合は、cos 4乗則が打ち消され、照度比は1:1になって周辺まで均一な明るさの像面が得られます。質的な照明系設計においてはこうした射影関係は大切です。ただ画像自体は歪んでしまいますので、通常の写真撮影用結像系などにはそのままでは用いにくい方策です。

7-3 コンデンサーレンズによる照度分布・コンデンサー問題1

ここでは前々項で取り上げました、コンデンサーレンズを設計するときの問題について考えます[8)p.211]。コンデンサーレンズとはフィラメント P_0 から放射する拡散光を、収束光に変換する光学系です（図7-7）。そこで、設計の際に求められるのは被照明面 Z^* の照明領域で照度が均一で、収束性についてはできる限り上等である、ということです。照明の均一性は重要であることは言うまでもありません。ですがもう一つの要求は、もし可能なら、と言うことで、収束光が対物レンズに十分入る程度であればOKと言うことです。小さい開口の対物レンズに対してはコンデンサーレンズの球面収差はある程度は、小さくなくてはなりません。しかしこの条件は十分大きな開口の対物レンズを考えるときには不必要で、大きな球面収差を持つコンデンサーレンズを用いても効率が落ちることはありません。それ故、主な問題は、$z=Z^*$ における断面を均一に照明できる光学系をいかに見つけ、定義するかと言うことです。

この問題を、フィラメントが非常に小さいとして分析していきましょう。このような光源からの光の放射を以下の関数で表します。

$$I = I(\theta_0, \phi_0) \quad (1)$$

この量は放射強度（光度）で、立体角中の放射束を以下のように表します。(3-7項図3-11参照)

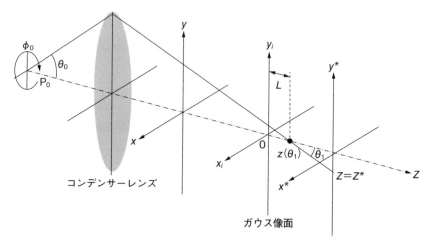

図7-7　コンデンサーレンズ周辺の座標

$$dF = I(\theta_0, \phi_0) \sin\theta_0 d\theta_0 d\phi_0 \quad (2)$$

ここで、光軸上の光束を考えましょう。フィラメント上、$x_0=y_0=0$のところからくる光です。ここで、図7-7にありますように、レンズによる屈折後、光軸と角度θ_1をなして交わる光線の、その光軸との交点を$z(\theta_1)$といたしましょう。X–Z平面内で光線追跡を行えばこの点は見つかります。解析幾何学の風習に則りθ_1に正と負の値を割り付けましょう。さて、$z=Z(0)$であるガウス像点をまずz軸上の0点として選んでみましょう。($\theta=0$の時に近軸理論におけるガウス像面[近軸理論における焦点面]が定義される訳ですから。)ここから、Z^*を計ります。そうしますとこの光束の球面収差Lは直接的に、

$$L(\theta_1) = Z(\theta_1) \quad (3)$$

と表せます。この光束内の光線はこの$z=Z^*$断面内で以下の座標において交わります(**図7-8**)。

$$X^* = (Z^*-L)\tan\theta_1 \cos\phi_0$$
$$Y^* = (Z^*-L)\tan\theta_1 \sin\phi_0 \quad (4)$$

ここで、以下の定数を導入します。M_0は近軸横倍率です。

$$\mu = -M_0/Z^* \quad (5)$$

さらに、以下の関数を導入します。

$$G(\theta_1) = (M_0 + \mu L)\tan\theta_1 \quad (6)$$

すると(4)式は以下の形に書き換えられ得ます。

$$X^* = 1/\mu G(\theta_1)\cos\phi_0$$
$$Y^* = 1/\mu G(\theta_1)\sin\phi_0 \quad (7)$$

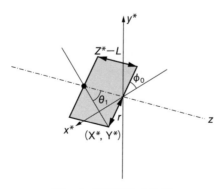

図7-8 照明面内の座標

7-4　コンデンサーレンズ問題2

前項7-3項の(4)式、そして前項図7-8から明らかなように、前項(7)式の中の $1/\mu \times G(\theta_1)$ は7-3項図7-8における動径 r を表しています。従って微小面素 dX^*dY^* は、Y^* の θ_1 の変化に対する変化率に、微小変化量 $d\theta_1$ を乗じて dY^* を得て、

$$dX^*dY^* = \frac{rd\phi_0}{\sin\phi_0} \cdot \frac{\partial Y^*}{\partial \theta_1} d\theta_1$$

$$= \frac{1}{\mu} G(\theta_1) d\phi_0 \frac{1}{\sin\phi_0} \times \frac{1}{\mu} G'(\theta_1) \sin\phi_0 d\theta_1 \quad (8)$$

となります。**図7-9**において dX^*dY^* は四角形Aの面積、つまり $a \times b$ として、四角形Bの面積を表します（またここでは3-7項 (2.5)式の積分変数変換公式を導出していることにもなります）。

従いまして $E(X^*, Y^*)$ を $z=Z^*$ 面における照度とすれば、通過する放射束 dF は

$$dF = EdX^*dY^* = (1/\mu^2)EGG'd\theta_1 d\phi_0 \quad (9)$$

となり、この放射束に前項(2)式の放射束は合致せねばなりません。

$$(1/\mu^2)EGG'd\theta_1 = I(\theta_0, \phi_0)\sin\theta_0 d\theta_0 \quad (10)$$

または、単に(10)式を変形して、

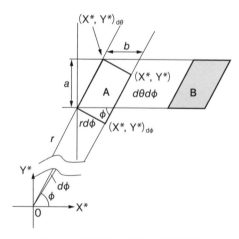

図7-9　照明面上の微小面積計算

$$E = \mu^2 I(\theta_0, \phi_0) \sin \theta_0 d\theta_0 / (GG' d\theta_1) \quad (11)$$

となります。

(10)式に、前項(6)式、そしてその微分した結果を代入し、さらに $\theta_0 = m_0 \theta_1$ の関係より、$z = Z^*$ 面中央部における照度は、光軸のごく近傍について考えるので、$L = 0$、θ_0、θ_1 を微小な量として ($\sin \theta \fallingdotseq \theta$)、以下のように決められます。

$$E(0, 0) = \mu^2 I(0)$$

ここで、$\mu^2 = M_0^2 / Z^{*2} \quad (12)$

です。フィラメントの横倍率の二乗が増えれば、逆にガウス像点からスライドまでの距離の二乗が減っていきます。画面上の相対照度 $J^* = E/E(0, 0)$ と相対強度 $J = I/I(0)$ は自ずと以下の方程式で結ばれます。

$$J^* = J(\theta_0, \phi_0) \sin \theta_0 d\theta_0 / (GG' d\theta_1) \quad (13)$$

強度分布 $J(\theta_0, \phi_0)$ がわかるときに、この式から J^* を求めることができます。

$J^* = 1$ であれば被照明面上の照度は均一です。(13)式は、$J(\theta_0, \phi_0)$ が ϕ_0 に対して独立なときだけ（他に ϕ_0 を変数に持つ関数は(13)式右辺中に存在しないので）、これが可能であることを示しています。もし、そのような場合には(13)式より

$$\int GG' d\theta_1 = \int J(\theta_0) \sin \theta_0 d\theta_0$$

とできます。さらに7-3項(6)式より、

$$\frac{1}{2} G^2(\theta_1) = \int_0^{\theta_0} J(\theta_0) \sin \theta_0 d\theta_0 \quad (14)$$

$$\{(M_0 + \mu L(\theta_1)) \tan \theta_1\}^2 = 2 \int_0^{\theta_0} J(\theta_0) \sin \theta_0 d\theta_0$$

$$\{M_0 + \mu L(\theta_1)\}^2 = \left(\frac{1}{\tan \theta_1}\right)^2 2 \int_0^{\theta_0} J(\theta_0) \sin \theta_0 d\theta_0$$

$$\left(\frac{1}{\tan \theta_1}\right)\left(2 \int_0^{\theta_0} J(\theta_0) \sin \theta_0 d\theta_0\right)^{1/2} - \{M_0 + \mu L(\theta_1)\} = 0 \quad (15)$$

ここで、後の処理のことを考えて、以下のような形にします。

$$\psi = \frac{1}{M_0} \left[\left(\frac{1}{\tan \theta_1}\right)\left(2 \int_0^{\theta_0} J(\theta_0) \sin \theta_0 d\theta_0\right)^{1/2} - M_0 - \mu L(\theta_1) \right] \quad (16)$$

均一照明のための必要十分条件は軸上光束の光線たちが方程式 $\psi = 0$ を満たすことです。

7-5 コンデンサーレンズ問題3

もし光源が等方的に発光する点光源であれば、$J(\theta_0)=1$ であって、前項(16)式は

$$\psi=(1/M_0)[\{2\sin(\theta_0/2)/\tan\theta_1\}-M_0-\mu L(\theta_1)] \quad (17)$$

もしフィラメントがランバシアンであれば $J(\theta_0)=\cos\theta_0$ であって

$$\psi=(1/M_0)[\{\sin\theta_0/\tan\theta_1\}-M_0-\mu L(\theta_1)] \quad (18)$$

どちらのケースにおいても、コマ収差がコンデンサーレンズに発生していないときには $\psi=0$ という条件は一般的には成立しません。それについての証明を以下で行っていきましょう。

ここで、近軸像点から離れた位置に設定された場合に、球面収差 L が残っているときのコマ収差の発生しない条件を考えますと、球面収差 $L(\theta_1)$ 残存時の正弦条件[1]p.108 は、

$$\frac{g'-g'_{pr}}{g'-g'_{pr}+L(\theta_1)}\frac{\sin\theta_0}{\sin\theta_1}=\beta'$$

$$\frac{\sin\theta_0}{\sin\theta_1}-\beta'-\frac{L(\theta_1)}{g'-g'_{pr}}\beta'=0 \quad (19)$$

と表せます。$g'-g'_{pr}$ はガウス像面から射出瞳までの距離です。ここで、(18)式において $\psi=0$ になる条件を、7-3項(5)式も考慮して書き換えますと、$\beta'=M_0$ として、

$$\frac{\sin\theta_0}{\tan\theta_1}-\beta'+\frac{L(\theta_1)}{Z^*}\beta'=0 \quad (20)$$

が得られます。被照明面が射出瞳位置近傍にある時には、距離の測り方が逆方向なので(19)式と(20)式の相違はそれぞれの左辺第1項にしかなくなり、明らかに両立は不可能です。また照明系として、瞳位置や照明位置座標絶対値が球面収差 $L(\theta_1)$ に比べて非常に大きな値をとれば（射出瞳位置が離れている場合には球面収差残存時の正弦条件は、球面収差が無い場合の正弦条件と同じになっていくことが(19)式からもわかります。）、この場合にも(19)式と(20)式の相違はそれぞれの左辺第1項にしかなくなり、両立は不可能です。

また特に球面収差が存在しない場合には、コマ収差の発生しない正弦条件として

$$\{\sin\theta_0/\sin\theta_1\}=M_0 \quad (21)$$

が成立し、(17)、(18)式において $\psi=0$ となる条件、

$2\sin(\theta_0/2)/\tan\theta_1 = M_0$ (23)

$\sin\theta_0/\tan\theta_1 = M_0$ (24)

とは同時に成立しません。均一照度の照明はコンデンサーレンズがコマ収差を持っているときのみ可能になります。

ところで、7-4項(16)式における観測面の位置を表す Z^* は、その式中でも、そして相対照度比 J^* を表す方程式である、前項(13)式においても以下の形、

$\mu L(\theta_1) = -(M_0/Z^*)L(\theta_1)$ (25)

の球面収差との積の形のコンビネーションとしてのみ登場しています。このことはコンデンサーレンズに球面収差がないときには J^* は像平面の位置に無関係であるということを表しています。

もしこのようなコンデンサーによる照明があるポジションで均一であれば、すべての位置で均一な照明が得られることになります。

一般的には広い角度領域で、(18)式における $\psi=0$ の条件を限られた数のレンズで実現することは難しいでしょう。しかしながらコンデンサーレンズを以下のような方法で設計することは可能です。$\psi(\theta_1)=0$ という条件を $\theta_1=\alpha$ のような特定の角度のときだけ成立させるのです。J^* は勿論均一に1にはなりません。しかし1からのずれは平均すると0になると以下のように示すことができます。

7-4項(13)式により、少しその形をいじって

$(J^*-1)GG'd\theta_1 = J(\theta_0)\sin\theta_0 d\theta_0 - GG'd\theta_1$ (26)

ここで7-4項(9)式から、

$GG'd\theta_1 = \mu^2 dX^* dY^*/d\phi_0$

よって(26)式から以下の関係を得ます。

$$\mu^2 \iint_{\theta_1 \leq \alpha}(J^*-1)dX^*dY^* = 2\pi\left[\int_0^{\theta_0}J(\theta_0)\sin\theta_0 d\theta_0 - \frac{1}{2}G^2(\alpha)\right]$$ (27)

もし $\alpha=\theta_1$ のとき、$J^*=1$ ならば7-4項(14)式より上式右辺は0、その結果

$$\iint_{\theta_1 \leq \alpha}(J^*-1)dX^*dY^* = 0$$ (28)

が得られます。$z=Z^*$ 面の円形の断面境界にあたる、最大角 $\theta_1=\alpha$ において $\psi(\alpha)=0$ が成り立つ策が最良の妥協案であることがわかります。よく用いられる解決策です[8]p.215。

これまでの所謂、コンデンサー問題についての検討は臨界照明の配置について行われてきました。同様の結果がケーラー照明においても成立します。

7-6　照明系、収差係数による点像強度分布1

照明系に用いるコンデンサーレンズの収差が照度分布に影響を与えることを前項で触れました。そこでは、収差補正の条件が照度均一化のための条件と両立しない、という形で表れてきました。本項では直接的に結像収差による画像の変化がどのように照度分布に影響するかについて説明させて頂こうと思います。

照明設計と言うと、多量の光線追跡に頼るイメージがありますが、ここでは光線追跡を行わないで、波面収差 W を想定して、より理論的に分布を表現してみたいと思います。このような手法により、照明計算結果を素早く処理できます。またそこから、結果と原因の関係が掴みやすいのもこうした手法の特徴です。

点光源から異なる角度で放射された多数の光線は無収差な光学系を通過後、再び一点に収束します。従って、像面に達する前の空間において、多数の光線の同じ光路長、或いは同じ時間を進んできた位置を繋げていくと、立体的な波紋のように、一つの球面が形成されます（図 7-10）。これが波面です。無収差であれば球面なのですが、収差があると光線は一点に収束せず、歪んだ形状になります。この球面からのズレを波面収差と呼びます。

この波面収差は、点光源の座標、波面上の座標の関数として、それら変数の低次から高次に至る、光線追跡を行わなくとも得られる、無限に続く多項式の和として表すことが可能です。ですから、例えば4次とか6次の項（波面収差から像面上の実収差への変換を経ると、光線の収差では3次、5次収差に相当します）のみ用いて、近似解を得ることが可能となります。本項では、こうした理論を用いて照度分布を計算してみましょう。

図 7-11 のような条件において波面収差 W と実収差の変換式により、射出瞳上の座標 u'、v' とし、defocus（像面を移動させた）時の波面から像面まで距離を

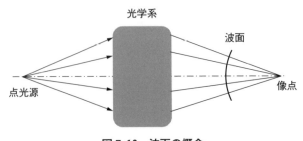

図 7-10　波面の概念

7-6 照明系、収差係数による点像強度分布1

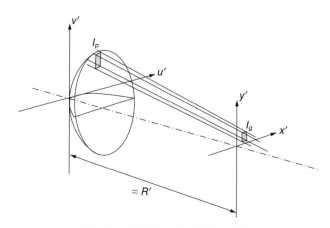

図 7-11　波面による強度分布計算

R'（より精度を高めれば、光線の参照球面、像面との2交点の距離）とすれば、像面上の照度 I_g は、

$$I_g = \frac{I_p}{R'^2}\left\{\left(\frac{\partial^2 W}{\partial u'^2}\right)\left(\frac{\partial^2 W}{\partial v'^2}\right) - \left(\frac{\partial^2 W}{\partial u' \partial v'}\right)^2\right\}^{-1} \quad (1)$$

として得られます[3)p.125]。I_p は波面上単位面積当たりに通過するエネルギーです。この式により収差の存り方に応じて変化する光束断面上の照度分布が得られることになります。

7-7　照明系における点像強度分布 2

図 7-12(a)に波面収差 W に 3 次＋5 次の球面収差[1]p.80（光線収差で）(TYPE 1)、(b)に 3 次の球面収差のみ (TYPE 2) を設定した場合の、2 種類の大きな defocus 量における、(1)式により計算した照度分布を挙げます。3 次、5 次と高次になるにつれて球面収差図[1]p.77 は複雑な曲線となります。収差形状（波面収差 W により表現される）により光束断面内に弱い光線の集束傾向等が発生し変化していくことがわかります。

さらに、図 7-13 に上記 TYPE 2 と同等の球面収差を持つレンズを設計し（この時の球面収差を図 7-13(a)に示します。図 7-12(a)の収差図に似るようにしました）、多数の光線による幾何光学的照度分布計算を行った結果を示します。かなり、収差係数を用いた(1)式による計算と近い結果が得られていることがわかります。

図 7-14 には、5 次の項を含まない、焦点ズレと 3 次の球面収差のみの系による (TYPE 2) 同様の（図 7-11(b)の球面収差と同等の収差を持つレンズを設計した）シミュレーション計算結果を示します。

TYPE 2 の光学系は高次収差の発生していない 3 次収差が支配的な収差パターンを持ちます。TYPE 1 はこれに比べ 5 次収差によって球面収差を戻しています。

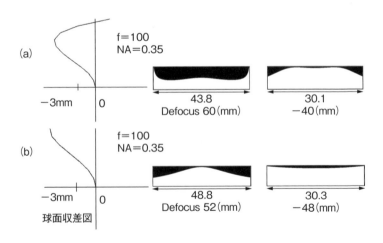

図 7-12　(a) TYPE1、(b) TYPE2
異なる収差タイプの照明系の球面収差図とそれぞれのアウトフォーカス位置による照度分布

収差の絶対量の小ささ、そして絞り値の変化による最良ピント位置が移動しないこと[1)p.78]などから写真レンズ等には一般的なものです。しかし、照明設計の観点からは、TYPE1が好ましいかと言えば、そうとは言い切れなく、確かに平均的に照度はより均一化されているとも見えますが、縦収差曲線の変曲部に対応して照度分布にも変曲する部分（caustic・光が集まる線[3)p.128]）が生じています。こうした部分は画像処理に

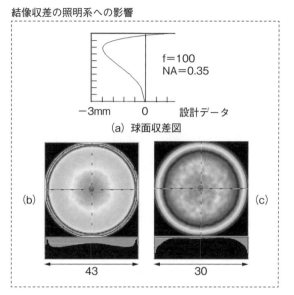

図 7-13　TYPE1 (a) (b) (c)
(b) シミュレーション（+60 mm）　(c) 同（-40 mm）

よる補正を難しくし、また、レンズ系を用いた場合、波長によりcaustic位置が多少ずれる可能性があるので、その場合、リング状の色の分離模様が発生することになります。医療用途などの色の変化に対する敏感な識別が重要な分野では致命的な欠陥となり得ます。

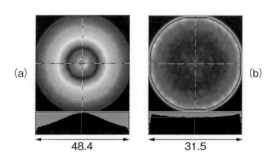

図 7-14　TYPE2 (a) (b)
(a) 3次収差型のシミュレーション（+52 mm）　(b) 同（-48 mm）

7-8 瞳を通過するエネルギー

7-6項(1)式には照度分布を決めるもう一つの重要な要素が存在しています。それは単位波面面積を通過するエネルギー Ip についてです。この値は例え波面形状が一致していても、入射主面（或いは主表面）[1]p.94、射出主面の関係によって異なり得ます（図 7-15）。幾何光学的には波面は光線が進んでいく方向を示し、主面の在り方は光束内の光線の密度、照度分布の変化を表します。これら二つの要素、W と Ip により(1)式は照度分布を表していくのです。

ここで、defocus 以外の波面収差を 0 として、主面の在り方による PSF（点増強度分布）の検討例を示します。図 7-16 は逆追跡時、正弦条件[5][10]を満たし、球面収差を持たない光学系による照明系を想定しました。主面は点光源を中心とする球面状になっています。それぞれの光線は、前側主面入射時の光軸からの高さを保って、後側主面（この場合主平面）から光軸に平行に射出します。

完全拡散面光源を考えて、この光束の任意の断面上の照度分布を計算すると、図 7-17 にあるように、H_1 上のリング状の面積に対して微小角度幅 $d\theta$ を持つ立

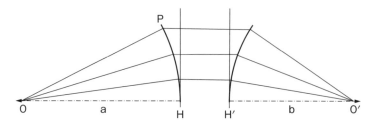

Oから主入射面上のPに到達するように進む光線は、同じ高さで主射出面から出た如くにO'に向かいます。主面は光軸でそれぞれ物側主点Hと像側主点H'に交差します。

図 7-15 主面の性質

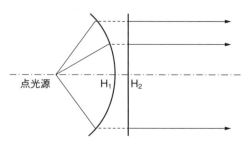

図 7-16 射出平行光束と主面

体角内に放射されるエネルギー $d\phi$ は、K を定数として

$$d\Phi = 2\pi B d\theta \sin\theta \cos\theta K \quad (2)$$

また、H_2 上で、$d\phi$ に含まれるのと同じ光線が形成するリング面積は

$$dS' = \{\sin(\theta+d\theta) - \sin\theta\} 2\pi \sin\theta \cdot f^2 \quad (3)$$

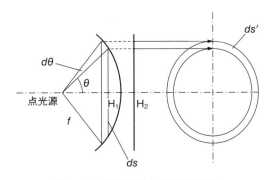

図 7-17 光束断面内の照度計算 1

従って、

$$\frac{d\phi}{dS'} = \frac{Bd\theta \cos\theta K}{\left\{\dfrac{\sin(\theta+d\theta)-\sin\theta}{d\theta}\right\} f^2 d\theta} = \frac{BK}{f^2} \quad (4)$$

よって、この微小幅を持ったリング上の照度は角度 θ の変化については定数となり、H_2 上の照度分布は一定となることがわかります。(ただし、完全拡散面光源を仮定しているところに注意を要します。)

さて、ここでの検討はコンデンサーレンズ問題の項 (7-5 項) で考えた結果と異なります。コマ収差のない正弦条件の成立を仮定して、光束の切り口の照度が均一になっているわけですから。

ここで、完全拡散面光源を仮定したときの均一照明の条件 7-5 項(18)式は少し変形すると以下のようになります。

$$\psi = \sin\theta_0 / (\tan\theta_1 M_0) - 1 - L(\theta_1)/Z^* \quad (5)$$

ここで、本項での検討では球面収差は 0 ($L(\theta_1)=0$) で像界での結像は非常に遠方 Z^* で起こっていると考えて、図 7-17 における照度分布の検討を行っても問題ないでしょう。θ_1 はごく小さい値として置けます。よって f からごく微小な距離長くなった距離を f_Δ とおいて、

$$M_0 \cong Z^*/f_\Delta, \quad \tan\theta_1 \cong h/Z^*$$

と近似できます。h は射出光線の光軸からの高さです。また正弦条件から

$$h \cong f_\Delta \sin\theta_0$$

これらの 3 式を(5)式代入すれば、球面収差は 0 ($L(\theta_1)=0$) とすれば(5)式右辺第三項は消え、同右辺第 1 項は 1 となり、$\psi=0$ となり、この式によっても照度が均一になることがわかります。

7-9 瞳収差による照度分布のコントロール 1

前項の検討に引き続いて、同様に軸上の球面収差が存在しない場合に、7-8 項図 7-16 の単レンズによる光学系を考えましょう（図 7-18）。

軸上光束に対して、屈折はこの面でしか起こらないため入射主面は第 1 面そのものとすることができます。波面的には収差が少なければ前項図 7-16 の主面のように屈折面が構成されていることになります。ここで、図 7-19 を図 7-18 の光学系と比較すると、射出波面上での光線の密度が明らかに異なっていることが理解できます。

図 7-18 におけるその切り口が光軸に直交する、球表面上の帯の表面積 dS はその光軸上に投影した幅 d が等しければ相等しいことになります。前項で検討しました通り

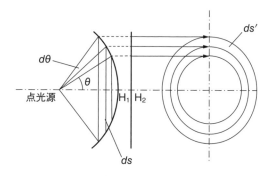

図 7-18 光束断面内の照度計算 2

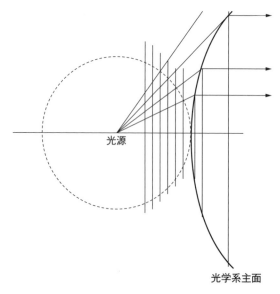

図 7-19 等立体角の光線の射出と入射

光束の断面内では照度は均一になります。

ところが図7-19の場合、放射立体角は斯様に等しいのですが、断面上の帯の到達する面積は第一面の形状のせいで端に行くほど広くなります。完全拡散面光源を考えればそれぞれの帯に同じエネルギーが入っている訳ですから断面の周辺は暗くなります。

図7-20の場合は球面収差補正のため、屈折面が高次の非球面ですが考え方は同じです。光線追跡による照度分布シミュレーション結果を図7-21に示します。平行ビームを取り出すために二重に上記光学系を配しています。ビーム断面内の照度分布がある程度、なだらかになっていることがわかります。

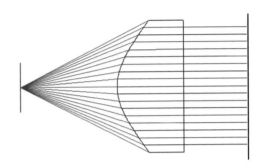

図7-20　非球面レンズ

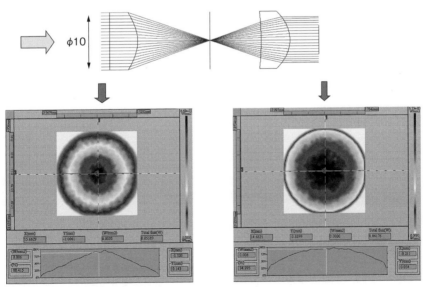

図7-21　光束内の照度分布の補正

7-10　さらに瞳収差について

　光束断面内における照度分布の変化を収差論的に考えてみますと、瞳収差とは、簡単にとらえれば、入射瞳平面上での照度分布が、射出瞳平面上ではその分布状態を変えてしまう現象とすることができます。例えば、光線が格子状にきちんと並んで光学系に入射したのに（入射瞳上では光線は等間隔に並んでいると表現できます）、光学系から出てくるときには互いに等間隔からは大きく外れて射出するような（射出瞳から不等間隔で射出する）現象を瞳収差、と言います。そのずれ方に実収差のように、いろいろあり、名称が異なります。前頁の現象は、入射瞳上の軸上光線も含む複数の光線の集光した、規則正しく並ぶ入射位置が、射出瞳上において並びが変わってしまうもので、明らかに瞳の歪曲収差による現象です。

　ところで点像の収差（瞳収差についても同様です）というものは、光軸に回転対称な共軸光学系であれば、光学系の曲率等の設計データ、近軸量等が決まっていれば、点光源の光軸からの距離と、絞りのどの位置を通るかを表す変数により（光線の経路が一つに限定されますので）表現され得ます。これらの変数の1次、3次、5次と高次の項が無数に足されていって、多項展開式となり収差が計算できます[22]p.79。多くの項を足すのであれば、光線追跡を行ってしまえばよいのですが、3次ぐらいまでで考えると、項の数も少なく見通しよく種々の収差を考えることができます。上記、光線を特定する変数の、順列組み合わせ的に幾つか（変数が2つであれば4種類）存在する3次の項に、特定の係数が付随して、五つの3次収差を表す収差係数というものが計算されます（像面の湾曲を2係数に分けて表現して）。この値は光線の違いに依存しない、光学系固有のものです。以下では、そうした3次収差係数を用いて、像面上の照度分布についての説明をいたします。

　像面上のコマ収差[1]p.88 係数IIと、瞳の歪曲収差係数 V^S の間には収差論的に密接な関係があり、の光学系全体での3次収差領域[1]p.26における関係は、以下の通りです[22]p.94。(**図 7-22**)

$$V^S - II = \left(\frac{\alpha'}{N'}\right)^2 - \left(\frac{\alpha}{N}\right)^2 \quad (1)$$

　もし、物界、像界の屈折率が共に1であって、マージナル光線（この場合軸上光束の一番外側の光線。絞りぎりぎりを通過するもの）の物界と像界に於ける角度差はFナンバー（或いはNA）によって決まってしまいますが、その影響を

7-10 さらに瞳収差について

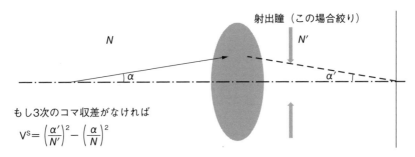

図 7-22　光線角度 α と α′

差し引いた分は(1)式においてコマ収差係数と、瞳の歪曲収差係数が影響し合い、牽いては照度分布に影響を及ぼすことになります。7-9 項図 7-19 或いは図 7-20 の光学系においては、本来の主表面の形状と比べて明らかなように正弦条件が満たされていないので（それで強引に瞳収差を発生させているのですが）、球面収差に比べ、はるかにコマ収差が大きいことも、この事情と整合します。

ただその特性を生かすべく、照明系、投光系としては利用可能な場合もあるでしょう。軸上付近の光源の投影を主に問題とするパターンの照明系設計においては、こうした軸上光による照度分布を、軸外像に影響を持つコマ収差係数を指標として表現できるという事実は重要であり、興味深いものです。またこうした場合にも、光学系の適用可能範囲を知るという意味で正弦条件を気に留めていることも大切であることがわかります。また、瞳のコマ収差係数 II^S と結像の歪曲収差係数 V の関係も示します[22]p.94（**図 7-23**）。

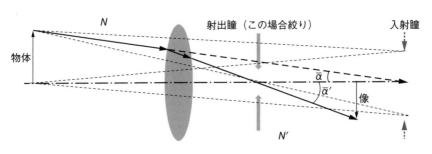

図 7-23　光線角度 $\bar{\alpha}$ と $\bar{\alpha}'$

$$\mathrm{II}^S - V = \left(\frac{\overline{\alpha}'}{N'}\right)^2 - \left(\frac{\overline{\alpha}}{N}\right)^2 \qquad (2)$$

　瞳の歪曲数差と異なるのは、瞳の歪曲収差の場合には見る方向が変わっても瞳の大きさは一つですが、軸上方向からの光線の瞳輪郭と軸外光の瞳輪郭の到着位置がコマ収差によりずれ、軸上と軸外で瞳の大きさが異なるケースが考えられることです。場合によっては軸外の瞳を十分に大きくして画面端の明るさを補うことも可能です。

　一般的には歪曲収差は画面の歪みですから結像系にはあっては困ります。V＝0が望まれます。その場合(2)式から瞳のコマ収差は主光線の物界、像界での角度の差によって直接決められることになり、II^Sを変化させたい場合には、絞り位置を変えることによって主光線角度を変化させれば良いことになります。ちなみに瞳のコマ収差を0にしたければ両界での主光線の角度を同じにすればよいのです。このとき、絞りが光学系中央付近にあるスタンダードなレンズ系配置になります。

7-11　瞳収差による照度分布のコントロール2

前項7-10項(2)式から、歪曲収差Vが発生してよいのなら主光線角度と一緒に協力してII^Sを周辺光量増加のためにコントロールできることになりますが、このとき、これらの値と相関関係を持つ歪曲収差を上手く除去することはできないのでしょうか？

7-10項図7-22の配置において前側をテレセントリック系にして歪曲収差を与えれば、点光源から光を取り込む立体角が軸上と軸外で異なり、瞳収差が発生して軸外から取り込まれるエネルギーが上昇します。このままでは適当な収束系になっていないので絞りの後に光学系を取り付けることにします。ここで、よく考えてみますと、画面中心と軸外での点像に含まれるエネルギーは絞りより前の光学系で決まっていることがわかります。後半の光学系をいかに構築しようとも入射瞳は、絞りより前の光学系による絞りの共役像（多くの場合虚像）ですから[18)p.27]、取り込まれるエネルギーそのものには影響はありません。であれば、最も単純な周辺減光改善のための設計方法としては歪曲収差を別途、絞りより後の光学系で補正すればよいことになります。こうしたことは実際に可能で、このように設計したレンズを**図7-24**に示します。前部光学系は単純な平凸レンズで、敢えて、そこでは収差補正は行っていません。歪曲収差は十分小さいのですが周辺光量は118%にも達します（**図7-25**）。解像性能（MTF）、歪曲収差図はそれぞれ**図7-26**、**図7-27**をご覧下さい。

上記の手法は設計のための方便であって、最終的には7-10項(2)式の関係はこのレンズ全体にもあくまでも成立していることを忘れてはなりません。しかし単純に7-10項(2)式で全体の瞳収差で取り込み立体角の大きさを考えてしまうと、

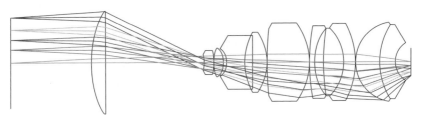

NA：0.167
倍率：−0.3倍
像高：4.5mm

図7-24　光路図　（レンズ形状についての製造性は考慮していません。）

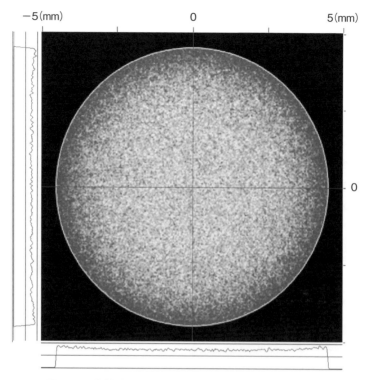

図 7-25　光線追跡による像面照度分布シミュレーション

ここで起きていることの意味が、少しわかりにくくなってしまう可能性があります。例えば図 7-24 のレンズにおいて何が起きているかと言いますと、入射瞳と絞りのあいだでの $Ⅱ^S$ は発生していて軸外の取り込み立体角は大きくなるのですが、射出瞳と絞りの間にもこの $Ⅱ^S$ が発生しています。こちら側では周辺光量的には V=0 でさえあれば、後部の $Ⅱ^S$ には特別な値を必要としません。しかし、軸外光束についてのエタンデューが保存されなければなりませんので、後部光学系の $Ⅱ^S$ も実は倍率等の諸状況からも、決まってしまいます。さらに後群で受け持つ、前群の歪曲収差の補正量も決まってしまえば前項(2)式を、絞りより後ろの光学系に適用して、軸外主光線の射出角度 $\bar{α}'$ も、自ずと定まってしまいます。構造的にはこうなっているんですが、結局、前と後ろの $Ⅱ^S$ が合計されて最終的な $Ⅱ^S_{toatl}$ が得られますので（結像系総体の 3 次実収差係数もそれぞれのレンズの収差係数が打ち消し合い、あるいは強め合った結果として構成されています）、

7-11 瞳収差による照度分布のコントロール2

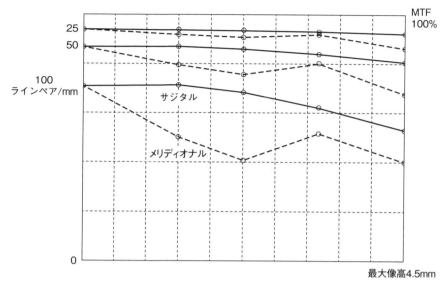

図 7-26　解像力を表す MTF－像高曲線

つまりその場合 7-10 項(2)式に周辺光量増加に重要な役割を果たす前部の II^S は直接には表されていないことになります。

また、7-6 項の球面収差図からもわかりますように、3 次の収差というのは収差図の光軸に近い根本近くの領域の図の傾きを表わすのにすぎません。それだけ構造的には重要だと言うことにもなるのですが、これに光束の端、像面の端では高次収差の影響が高まり、実際には収差は多様な表れ方をすることになります。

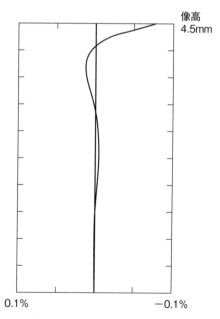

図 7-27　歪曲収差図（±0.1 %）

155

第8章

照明系のタイプ

第8章 照明系のタイプ

8-1 照明系の基本的なタイプ

　これまで、質的照明系設計の章においても幾つかのタイプの照明系が登場してきましたが、ここで少しこれまでと異なる切り口から分類し、まとめてみましょう。まず図8-1にあるような、二つの非常にシンプルな照明系のパターンについて考えてみます。ここではレンズによる照明系を挙げますが、ミラーを使った照明系でも形式は同じです。

　①、②はそれぞれ特定の被照明面を照らしています。ただし、①は光源の像を被照明面に直接もたらすのではなく、収束していない光束の広がった面積によって被照明面を満たすものです。これに対し②の照明系において、光学レンズは被照明面上に光源面の像を結像させており、共役関係が存在します。ここが大きな違いです。

　被照明面の後段の光学系については様々なものが考えられるでしょう。被照明面の透過性、拡散性によっても光学系は様々なバリエイションを持っています。

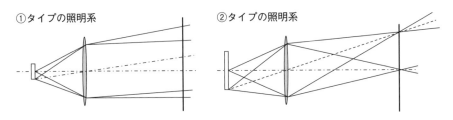

図8-1　シンプルな照明系のパターン

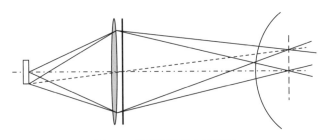

図8-2　透過照明系＋結像系

158

たとえば図 8-2 のような、透過型＋結像（投影）光学系の配置もその一つです。照明系が原稿を透過・照明する光を後段の結像系に導き、原稿と最終像は結像レンズにより共役関係で結ばれています。

しかし、このような光学系も照明系としては、光束の開いているところで照明しているので、①のタイプと見てしまえば、単光軸の照明系は取りあえず①、②の二つのタイプに分類することができます（図 8-1 ①の光学系をもう少し洗練させると図 8-3 になります。）。①は既述（7-1 項）の顕微鏡照明に用いられるケーラー照明系に発達するものであり、②はこちらも既述のクリティカル（臨界）照明と呼ばれるタイプ、そのものです。

仮に被照明面照度の均一性が重要であるとすれば、②の type においては明らかに、光源の、必要十分な広さにおける放射発散度の均一性が重要となります。蝋燭を光源とすれば困ったことに蝋燭の炎の像が直接被照明面上にできてしまいます。

しかし、長所としては、光源面上の多数の点光源の像により被照明面上の照明像ができていると考えられますので、一個の光源点から放射される光束の中の光線の角度分布、つまり光度分布は、いかようであっても構わないことになります。どうせ点に近い形で集光してしまうのですから。空間座標的に均一な光源が存在すれば、これは合理的な照明法となります。既述のレンズ歪曲収差により射影関係（例えば $h=f\sin\theta$、7-2 項）を変化させ、結像系に伴う cos4 乗の周辺減光を補正することも可能になります。

さて、これに比べて①のタイプにおいては点光源からの光度の分布が、被照明面照度の均一性に対して直接重要になります。光束を途中で切ってそこの断面で

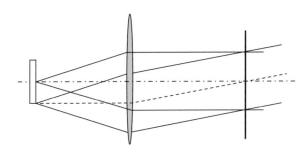

図 8-3　放射発散度の不均一性に強い照明系

照明しているわけですから、放射角度の中央部が周辺に比べ高ければ、そのまま中央部の照度が高い比照明面分布になってしまいます。

ただ明らかに①の照明系より有利なのは、光源上の点光源から出た光束はそれぞれ広がったところで照明に寄与するので、光源の像は被照明面上には齎されない、と言うところです。蝋燭の炎や白熱球のタングステンコイルの像は形成されません。こうした二つのタイプの長所短所を理解することは重要です。

そして更に第③のタイプが存在します。集光系（小さく限定された領域を照明するとも考えられます）の所で考えましたノンイメージングオプティクスのエッジレイ法等により生み出された照明系です。図8-4にありますように、集光効率のみ問題にされますので、極端な例では最外角光束のみきちんと結像させ、後の画角の光線はどうでもよい、きれいに収束しなくてもよいという照明系ができてきます。結果として周辺は②タイプ、それより中央方面は①タイプというような折衷型になります。

ここでは、分布をコントロールするという意味で質的照明設計について考えたいので、①②のタイプについて、さらに考えてみましょう。

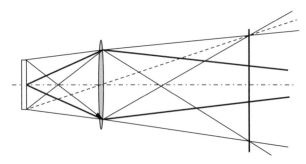

図8-4　③のタイプの照明系、エッジ光線法

8-2　複合光学系タイプの照明系1

　照明系として、既述①タイプを利用しようと目論んでも、光源の強度分布の個性により、或いは集光角を大きくするために、或いは法外に広い領域を照明せねばならない等の事情により、光学系による配光分布の補正が困難になる場合があります。

　こうした場合には光学系を多灯にして（integrate して）タイプ①と②の折衷を図り、タイプ①の不均一さを、重ね合わせで補う手法が有効となります（図 8-5）。

　6-1 項で少し触れさせていただきましたが、図 8-6 におけるような導光板（Light Guiding Panel）も見方によればこの多灯システムを作り出すものと言えるかもしれません。導光板は液晶画面等の表示装置に使われています。アクリル等の樹脂でできていて、薄い直方体のものです。その側面から入れた光を拡散させ、表面に均一の光を出す板です。

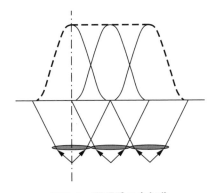

図 8-5　照明系の多灯化

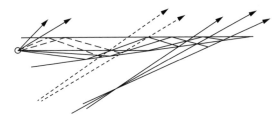

図 8-6　導光板

第8章 照明系のタイプ

　この中を図のように光は全反射していきます。上面と底面に角度をつけると、入射角が反射のたびにどんどん異なってくるので光源と逆側の側面近くで射出しやすくすることができます。底面には光を拡散する構造、文様がレーザ加工のドットパターン、或いは印刷パターンとして場所により密度が異なって配されており、そこに当たった光は拡散されいろいろな方向に進みます。こうして上面への入射角度が変化した光線のうち、面法線に対する入射角が、臨界角より小さくなった光は、上の面から射出します。こうして光を制御し、短辺片側にある長細い光源から逆の短辺付近までまんべんなく光を広げようとする機器が導光板です。この導光板も図のように光のアウトプットのみ捉えると、あたかも導光板下にいくつもの光源が複合化され均一に並んでいるような挙動をしています。

　またレンズを使わなくても図8-7にあるような、格子構造の素子にもある程度の集光性があります。仮に側面を鏡面だとすれば、側面に当たった光は同じ角度で反射し空中像的なものを形成します。そこから光は再び広がりますので、荒っぽくはありますが、あたかもレンズをたくさんつけたような効果が出る訳です。こうした構造は実は天井の蛍光灯のすぐ下によく発見できます。

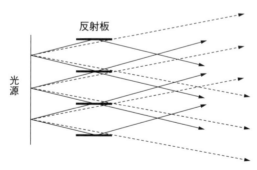

図8-7　格子構造反射素子の断面

8-3　複合光学系タイプの照明系2

複合化についてさらに考えてみましょう。図8-8におけるフライアイレンズも擬似的にこの多灯システムを作り出すものと言えるでしょう。

このフライアイレンズ（インテグレーターとも呼ばれます）に似た構造の多眼の照明系には多くバリエーションがあります。

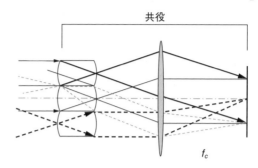

図8-8　フライアイレンズ

まず簡単に、多くのレンズがマトリクス状に並んでいるものを考えてみましょう。ここで、レンズを複合化し合体（integrate）させます。取りあえず3×3＝9個のレンズによる照明です（実際には100以上になる場合も珍しくありません）。9つの照度分布が重なり合うわけですから、均一度が向上するのは当たり前で、簡単ですが非常に有効な照度均一化法ではあります。フライアイ射出面に9個の2次光源像ができ、そこからの光が被照明面上で重なり合います。光源からの放射角度により光度が均一でないとき、これらの2次光源の場所による放射発散度の違いに変換されます。その光源像が前述のタイプ②のように照明される訳ですから照度は均一化の方向に向かいます。だいたいこのようなパターンになっていればかなり効果は上がりますし、こうした照明用組レンズは市販もされています。

精度の高い均一度を得るためのフライアイレンズにはもう少し縛りが出てきます。図のような位置にコンデンサーレンズ、照明面をコンデンサーレンズの焦点距離 f_c の位置に配せば、テレセントリック系が構成され完全にケーラー照明の形になります。またフライアイレンズは両側とも同じ曲率でできているのですが、お互いの焦点の位置に面が存在しています。図8-8を見ると入射面だけ曲率がついているだけでよさそうですが、例えば図8-9のように光線を整理すると、フライアイ射出面に曲率を設けることにより、光をコンデンサーレンズに導くフィールドレンズの役割をしています。2面の上記の位置関係を守れば、図8-9のフライアイ射出側もテレセントリック系になっています。実はこのテレセントリック性はさらに大きな意味を持っています[17]p.180。

像面から瞳までの距離に比べて、瞳半径の二乗の値が非常に小さいと（低フレ

第8章 照明系のタイプ

ネル数状態)、幾何光学光線追跡による焦点位置等の計算結果に誤差が生じてきます[2]p.109, [17]p.177。光線追跡通りの状態にならないということは、幾何光学的に検討した照度均一性も怪しいことになります。ところが、射出側をテレセントリック系にすれば射出瞳径は無限大ということになり、フレネル数は非常に大きくなります。従って幾何光学による予測が保てます。非常に NA の小さなレンズを用いて結像系、照明系を構成する場合には、同様な考察も場合によっては必要となるでしょう (8-5 項図 8-15 の光学系もそうした例の一つです)。

さらに、コンデンサーレンズについて考えますと、図 8-8 フライアイレンズの二次光源面 (射出面) からのいろいろな角度の平行光束に着目しますと、コンデンサーレンズにより被照明面上にそれらは結像します。もし光源から出ている光が、光源上の発光位置に関わらず、狭い角度範囲では一定であるとすれば、照明面上どの位置に達する光束においてもそれらの要素である光線に沿っての輝度の構成は同じになります。従って、どの方向にも輝度が一定として考えた、照明面の照度均一性のための $h_1 = f_c \sin\theta$ なる条件が必要になります (7-2 項)。

また、フライアイレンズ自身にも特定の結像のための条件が望まれます。ここで簡便のために、フライレンズの光軸を含む、中心位置にあるエレメントだけを厚さの無い薄肉レンズとして表現してみましょう (図 8-10)。フライアイ入射面

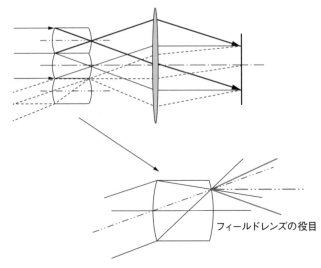

図 8-9 単独のフライアイ・エレメント

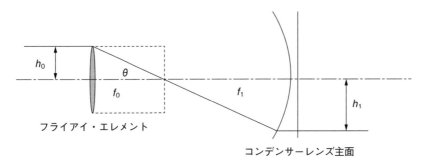

図 8-10 フライアイ・エレメントの正弦条件

が照明面に結像します。フライアイ入射面に結像する光源からの光束が、それぞれのフライアイ・エレメント径の何処に入射するかで、基本的には照明面での集光位置は決まってしまいます。その単独のフライアイ・エレメント内での分布をそのままに、照明面一杯にクリティカル照明したいので（この分布がエレメントの数だけ重ねられます）照明面上では歪曲収差が発生しないようにする必要があります。この時、$h_1/h_0=\beta'$。よって上記のコンデンサーレンズの射影関係、そしてフライアイレンズによる h_0 と θ の関係を表す式を $G(\theta)$ とすれば

$$f_1\sin\theta/(f_0 G(\theta))=-f_1/f_0$$

従って h_1 を正で考えれば、$h_0=f_0\sin\theta$ という正弦条件の成立が均一性のためにはフライアイレンズにも望まれます。ですが図からもわかるように、構造的に単面では正弦条件を成立させることはできません。ある程度以上の像面照度均一性を達成するためには、更なる工夫、フライアイのレンズ構成を複雑にする、フライアイの分割の仕方を工夫する等の工夫をする必要が出てきます[17]p.108。

8-4　結像関係の縦への重層化

　ここまで考えてきた複合化を横への重層化とすれば、縦への重層化とも呼べる結像関係の重層化が照明系には存在します。例え設計作業が別個に行われるとしても、本来は、照明系から後の光学系についても総合して考察していかなければなりません。実際には例えばプロジェクターにおいても照明系と投影する結像系が一緒になりTotalで一つの光学系が形成されている訳ですから、

　　　光源系 – 照明系 – 結像系

　　　（結像系は人間の目である場合もある。）

のような基本的な組み合わせが一般的となります。これは照明系設計における特長ではなく、照明系を含めてtotalで系を考えるからこそ必然的に発生する重層化の現れです。ですから本書は照明系の本なのですが、ある程度、そのあとに続く光学系との関連について触れざるを得なくなります。

　照明系に頻繁に用いられるライトトンネル、カレイドスコープ（直訳すると万華鏡）と呼ばれる比較的長細いライトガイドは不均一な放射発散度を持つ一般光源から、タイプ②照明系に供する均一光源面積を作り出すものと考えられます。

　例えば図8-11における、ライトガイドを用いたシステムにおいては、ライトガイド射出端面を新たな光源として、タイプ①照明系により被照明面上に光源像を形成させようとしています。このとき、ライトガイド前方端面にも光束が集光してきているわけですから（**図8-11**）、この面を光源とした、照明レンズによるもう一つの共役系が存在しています。この共役像の処理は、投影系を含めて全体的に対応しなければなりません。この共役像の影響が、光学系の様々な場所で反射して発生するゴースト光の影響も含めて、画像に影響を及ぼさないように

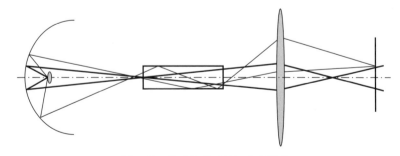

図8-11　ライトガイドによる照明

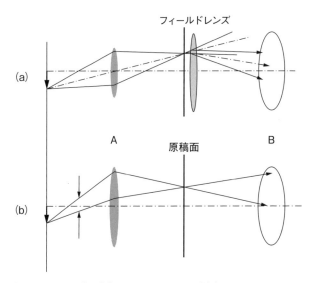

図 8-12　瞳のマッチング　(a)フィールドレンズ(b)テレセントリック系による

対応せねばなりません。無作為に起きる反射現象、集光現象への対処も照明系設計における重要な作業の一つです（5-1項、迷光対策）。

また、図 8-12(a)のようなタイプ②照明系に結像系を組み合わせたクリティカル照明・システムを考えてみましょう。光源面と原稿との間に結像関係が存在します。しかし、このままでは原稿の周辺を照射した光線が結像光学系に入射しないので、フィールドレンズを原稿付近に配置した、いわゆる、瞳のマッチングが行われていることになります。このフィールドレンズは原稿から結像レンズによる投影面までの第二の共役関係の補助をしていると考えることもできますが、フィールドレンズは照明系の射出瞳を、結像レンズの入射瞳に結像させる役目を果たしていると考えることもできます。前項の図 8-9 もご覧ください。照明系をテレセントリック系にし（フィールドレンズの機能がその中に含まれている、と考えることもできますが）、対物レンズもこれに呼応するようにしても、瞳のマッチングは果たせます（図 8-12(b)）。

ケーラー照明の場合には図 8-13 にあるように、照明レンズの射出瞳がコンデンサーレンズにより原稿面上に結像されることとなります。

第8章　照明系のタイプ

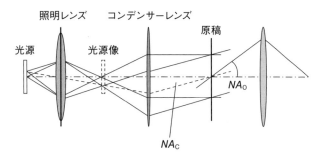

図 8-13　ケーラー照明

　このように、瞳と物体面（原稿面）或いは光源と物体面（臨界照明の場合にはそうなります。7-1項図7-1をご参照ください。）の間に結像関係が形成されることにより、原稿を照射する照明系の開口数 NA_C と、それを取り込む結像系の NA_O の関係によって、最終的な結像性能を精密に評価する上で、重要となる指標（コヒーレンスファクター）σ が得られます[2)p.273]。

$$\sigma = \frac{NA_C}{NA_O} \quad (1)$$

　そこでは、光源はインコヒーレントと想定しているのにもかかわらず、光学系全体のパーシャル・コヒーレンシー（部分的な干渉性）が考えられています。（1-8項、インコヒーレントとコヒーレントの話を思い出してください。その中間の領域の話です。）この指標から、最終的な像の解像力、あるはコントラストを検討することができます[2)p.271]（**図 8-14**）。$\sigma=0$ の時がコヒーレント、一般的に $\sigma>1$ を目安としてインコヒーレント、この中間の状態が部分的コヒーレントな状態と呼ばれます。こうして、光源系＋照明系＋結像系全系を通じての、光学性能の統合的な一つの表現が可能となってくる訳です。照明系の持つ、一般的な大きさの収差が、こうしたコヒーレンスの観点から、その後段光学系による結像性能に影響を与えないことも[2)p.236,9) Ⅲp.54]、この段階で知ることができます。

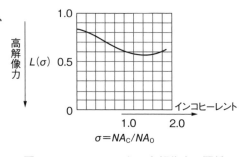

図 8-14　コヒーレンシーと解像力の関係

8-5　明視野照明と暗視野照明

質的照明でも集光光学系におけるように効率は重要ですが、それにプラスして照度分布（例えば均一であれ）等の目標がある場合が多いでしょう。中心部分をなるべく明るく、というような場合もあるでしょう。そして、既に説明しました通り、輝度の測定が必要な、どの方向にエネルギーを多く導くのかが重要な場合もあるでしょう。特に人間の眼で見る場合、見える方向になんとかやりくりして潤沢なエネルギーを配すことになります。リアプロジェクションや、液晶画面の場合はそのわかりやすい例です。ここではその方向性の質的設計について、もう少し踏み込んで考えてみたいと思います。

実はこうした指向性を問題とする場合に、特に重要になるのは、被照明面の拡散性です。比照明面が完全拡散面であればどの方向で見ても輝度、人間の網膜上の照度は一定です。ですから被照明面であるスクリーン上の照度分布が照明系設計を支配します。ここでもし、スクリーンが、或いは被照明原稿がその放射角度的に大きな偏りを持っていたら、例えば、透過原稿で言えば光線が進む方向の近辺に多くのエネルギーを放射する、元光線の方向に依存する指向性の高い場合では、そこを照らす光線の輝度、光度などの指向性が当然重要になります。まったく観測系に引っかかってこない場合もあるわけですから。

そして、この拡散性と非常に密接な関係を持って重要となるのは、被照明領域の奥行、つまり立体としての被照明領域です。簡単に考えれば奥行を持つ被写体、或いは光軸方向にずれた位置に被照明物体が存在している場合などは、明らかに被写体が平面上に並んでいる場合と異なります。奥行方向に大きくずれている領域であればそれらにどう優先順位を付けて明るくしていくのか考えねばなりません。またそれら個々の被照明要素の間に大きな3次元空間が空いていれば、空間的にどのように照明光を進入させるかの自由が発生します。そこで考えられるのが図 8-15、図 8-16 にあるような二つの照明方法です。図 8-15 が暗視野照明法、図 8-16 が明視野照明法と呼ばれます。照明光束の経路はかなり異なっています。照明光が直接、観測系に入るか、或いは直接には観測系

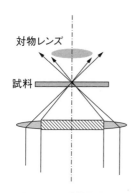

図 8-15　暗視野照明

入射瞳を狙っておらず、被照明素の拡散光をあてにして、それを観測しようというものです。すると、背景光は目に入りませんので、暗黒のバックに散乱・回折光によって浮かび上がった被写体が見えてきます。もう一方の照明方法においては被写体を貫いた光線が直接観測系に到達するので、明るいバックに、より強く輝く被写体が見えることになります。前者は繊細な構造に、後者は高コントラストの被写体像に目標を置くものです。このように照明角度により質的照明をコントロールできます。

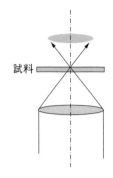

図 8-16　明視野照明

また、テレセントリック照明（**図 8-17**）においては試料面上で主光線が同じ角度になっています。従ってハーフミラー（光束を透過光と反射光に分離するミラー）等を使って同軸落車照明を形成して鏡面など平面性、反射性の強い被検物を検査すれば、被写体の欠陥を上手く抽出すること

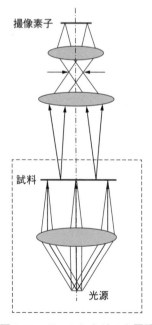

図 8-17　テレセントリック照明

ができます（図 8-18）。反射光はテレセントリック系の狭い取り込み開き角の中にしか戻ってくることができませんので、傷や凹凸により平面上の整反射経路から外れた光路を通る光線は撮像系に達することができず（図 8-19）、その部分の画像照度が下がるためです。

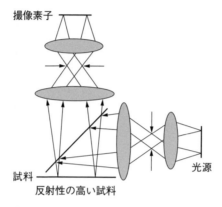

図 8-18　結像系の取り込み角と照明光の指向性との最適化

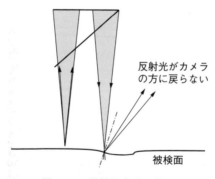

図 8-19　被検面欠陥の検出

第 9 章

コンピュータによる照明系評価

第9章　コンピュータによる照明系評価

9-1　コンピュータによる照明シミュレーション

　近年の照明系設計においては、光源の比較的近傍（測光学的ニアフィールドにおいても）明るさの分布、照明角度特性の精度の高い評価が求められるため、非常に大量の計算が必要となります。また複雑な構成や発光特性の光源を扱ったり、光線が通過する反射・屈折面等の順番も決まっていないような（ノンシークエンシャル）光学系を扱ったり、或いは後述の拡散シートやレンズ等の役割も同時評価せねばならず、パソコン等で稼動する照明系評価ソフトウエアというものが、ある程度精度の高い設計にはどうしても必要になります。ここからは照明設計・評価ソフトウエアについて、そしてその基本的な扱い方について説明します。シミュレーションの原理・技術そのものにつきましては拙著参考文献3）に詳しく記しましたので、ご興味のある方は参考にしていただければ幸いです。

　それでは、こうした評価ソフトウエアに共通した、最も基本的な部分だけを使って計算した様子を示しながら説明を進めたいと思います。まず、光源の設定方法から始めましょう。

　光源の特質を考える場合、特に光源 data を評価ソフトに入力する際に、最初に重要となるのは評価における波長分布の設定です。結局、一般的な照明系評価ソフトでは、波長ごとの光源からの放射束分布、つまりスペクトル分布を入力していくことになります。こうしたデータはカタログから、あるいは比較的簡単に測定して入手することができますので、このスペクトル分布を離散的に分割して入力します。また、2-1項で触れた色温度の入力により、波長の設定がなされる機能を持つソフトもあります。色再現性について重視したいときには照明光の波長バランス入力は非常に重要になります。CIE や JIS で規格化（相対スペクトル分布として）された昼色光で照明された色を、照明系でどの程度、再現できるのかを、その照明系の演色性と言います。

　そして、空間的発光分布において重要となる量は、輝度分布です。4-1項、そして後述の9-2項においての通り、被照明面の照度分布は光源の輝度分布から計算できます。ある物体のすべての座標から放射する輝度をどの方向からも得られれば、その物体の任意の方向から見た2次元像でも再構成可能となります。

　ただ、そのときのデータは膨大なものになりますし、測定も大変です。ですから、光源の発光位置ごとの放射量の分布、そして、角度方向の分布をもってしてその代替えとすることも一般的です。またこうした簡素化が設計の見通しをよく

することもメリットです。これらの照明系設計で重要となる光源の2系統の空間的分布特性も離散化を経て、コンピュータ内で利用されます。

● 照明シミュレーションにおける光源データ入力方法の例

①輝度分布入力

空間発光しているアークランプ光源、複雑な形状、指向性の面光源・体積光源等を扱う場合測定サービスにより光源測定値をダイレクトに入れることも可能。限られた不完全な輝度データを補完して計算に用いる場合もあります。LED等の場合、光源メーカーから電子的に公表されている場合も多くあります。

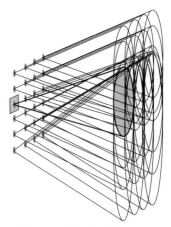

図9-1 発散度と光度による光源設定

②放射発散度と強度［光度］分布を入力する（**図9-1**）

放射［光束］発散度データを光源面を微小面積に区切って入力します。小さな面光源であれば均一やガウス分布の場合がほとんどです。カタログからその大体の大きさは推測できますが、はっきりしない時は、少しずつその大きさを変化させてシミュレーションをし、整合性を見ることも大切です。

既述②の各微小光源からの強度［光度］分布については、マニュアル入力では全ての微小部分に対して、共通の強度分布を用いることが一般的です。各微小部分からの強度を個別に測定すること、そしてそれらを入力することは大変煩雑な作業だからです。代表分布として、多くの場合、光源全体からの（光源を非常に遠方から観測した場合の）強度分布プロポーションが用いられます。このデータはカタログ等から得やすいものです。もちろん、光源面の場所により大きく光の放射角度分布（強度分布）が異なる場合には、この手法は適しません。その場合には、致し方ないので比較的強度分布プロポーションの近い部分ごとに、多数の面光源を設定することになります。

図9-2に例があるような光源放射強度（光度）データを基に光度を入力していきます。このようなカタログ上の測定データは、小さな光源を中心にして囲む球表面上の微小面積における照度を測定したものとも考えてよく、相対照度分布と

第9章 コンピュータによる照明系評価

呼ばれている場合もありますが、光度比分布に一致します。

次項の結果からもわかりますが、光源の発光特性には（グレードにもよりますが）比較的大きな製造誤差はつきものです。ですから、設計に際しては上記の②）の入力方法によって、いろいろ入力条件を変化させ、そのエラーに関する照明結果への感度を知ることも大切です。

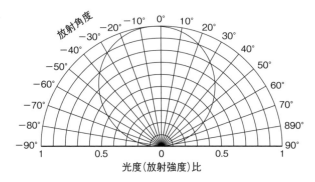

図9-2　LED光源放射強度データの例

9-2 光源の設定方法・輝度からの照度計算

ここでは前項で触れました輝度による光源入力について考えてみましょう。

微小光源面積 dS に面積 dS' の微小受光面から張られる立体角を $d\Omega'$、微小光源面法線と互いの面中心同士を結ぶ長さ r の線分との為す角度 θ、θ' を、図 9-3 (a)にあるように定めます。

すると、受光面積 dS' で受け取る光束を $d\phi$ とし、微小受光面上の照度 dE' を考えれば、この微小立体角の範囲で輝度 B が一定として、4-1 項で検討した通り、

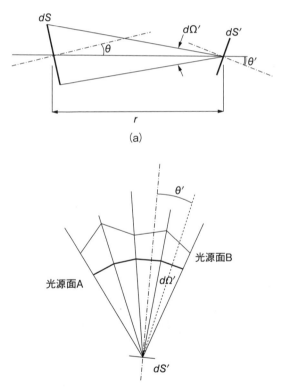

光源面はAであってもBであっても、dS'方向への輝度分布が同じであれば、dS'における照度は同じです。

(b)

図 9-3 (a)(b)　輝度からの照度計算

第9章 コンピュータによる照明系評価

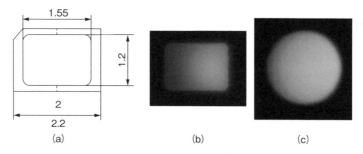

図 9-4 (a) LED カタログ発光面図の例、(b) 同光源の輝度測定データによる光源像、(c) (b)の光源を用いたミラーによる照明系の、光学設計ソフト Zemax を用いた照度分布計算結果

$$dE' = \frac{d\phi}{dS'} = \frac{BdS'\cos\theta' d\Omega'}{dS'} = B\cos\theta' d\Omega' \quad (1)$$

となります。従って微小光源面が連続的に多数存在してそれらが dS' を照らす場合にはそれぞれの光源面要素に微小立体角 $d\Omega'$ を張るように考え、光源面全体からの影響をインテグレートして、上記受光面上の照度は

$$E' = \int B\cos\theta' d\Omega' \quad (2)$$

として得られます図 9-3(b)。光源の形状に依存せず、光源を見込む角度と輝度分布で全てが決まってしまいます。光源の輝度測定データが有用なことがわかります。近年、こうした輝度測定データによる LED 光源データのデータベース化、あるいはそれらの照明設計ソフトとの連携は進んでおり、設計作業にとっては有益なものです。

　図 9-4(a)、(b)、(c)にこうした白色 LED 輝度測定データを基にしたミラー照明系による照度分布の計算例を示します。白黒画像ではわかりにくいかと思いますが、適切な測定精度により、LED による黄色の色づき（左端の部分）も再現されています。発光領域の正確な再現と、こうした LED 自身の持つ発光分布、色の偏りの再現等は、光源輝度データを用いる手法が最も効率的でしょう。この光源を用いた放物面鏡による照度分布が(c)です。やはり分布に偏りが出ているのがわかります。

9-3 照度分布計算

さてこれからいくつかのごく基本的な照度計算結果を示しますが、前項のような輝度データではなく、あえて 9-1 項②の手法でマニュアル入力します。光源データとしては、ごく一般的な LED 光源の、ごく一般的な光度分布データを用います。この光源が横一列に 7 個、等間隔で並んでいる状態を想定してみましょう。

1. 光源からの距離と照度分布

ここで LED 光源が横一列に並んでいる平面を光源面と呼びましょう。この光源面から適当な距離離れ、光源面に平行な平面（被照明面）を照明する場合を考えます。図 9-5、図 9-6 はその時の被照明面上の照度分布を表します。コンピュータ上で非常に多数の光線を光源から発生させ幾何光学的にその行方を追い（光線追跡）、画像のどこに何本光線が到着したかをカウントしシミュレートしたデータです。等高線のようなもので照度の高低が表されています。カウントに使った比照明面上の区分面積で到達光束（エネルギー）を割れば照度が得られます。

ところでこの分布図を見ていただくとわかりますが、照度分布にノイズが発生しています。離散的な光線を用いて明るさを得る照明計算においては、2 項分布の発射光線本数が大きく、反面、特定の画素に到達する確率が低い場合に相当し、

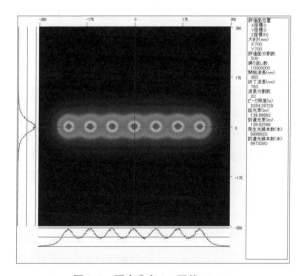

図 9-5　照度分布 1：距離 50 mm

第9章 コンピュータによる照明系評価

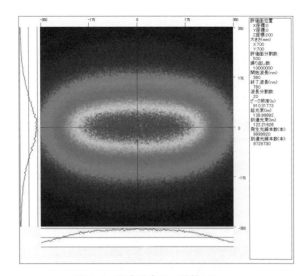

図 9-6　照度分布 2：距離 200 mm

その近似としてのポアソン分布を想定でき、一つの画素において $\sigma=\sqrt{n}$ という統計ノイズがついて回ります[3]p.198。n はその画素への到達光線本数です。従って n が増えていけば相対的にノイズの比率は減っていくことになります。ですから何の工夫（計算方法、利用方法両面で）もしないと大量の光線が追跡される必要が出てきます。例えば、100×100 の個数の画素にそれぞれ 100 本程度の光線が届いているとすれば、$\sqrt{n}/n$ で 0.1、つまり 10 ％程度のノイズが想定されます。この程度の精度でも最低 100 万回は光線追跡をしなければなりません。一桁精度を上げるためには 100 倍の光線追跡数が必要になります。

さて、図 9-5 と図 9-6 では照度分布が大きく変化していますが、これは光源面から被照明面までの距離 L が異なるからです。**図 9-7** にここで検討に用いる LED 光源の発光角度特性を示します。この発光角度特性から、被照明面までの距離 L が定まっていれば、どの位の間隔で LED を並べれば被照明面上の照明（照度）ムラが目立たなくなるかについては、コンピュータを用いなくとも大方は予測できる訳です。

ここで、そのような計算に基づき、光源面から被照明面までの距離 L を 100 mm とした場合に、光源同士の間隔 d を 80 mm と決定した際の照度シミュレーション結果を図 9-8 に示します。この計算はいきなり目標に到達できるほど単純なものではありませんが、間隔を調整しながら、何回も検証計算を行い目標

9-3 照度分布計算

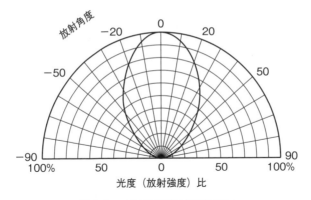

図 9-7　LED 光源相対照度分布

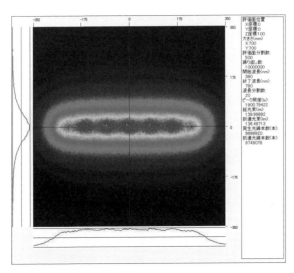

図 9-8　照度分布 3：距離 100 mm、LED の間隔 80 mm

に近づくことは可能です。この場合の検証を行ってみますと（**図 9-9**）、$d=80$ であれば、隣り合う光源同士は中心から 40 mm はなれた照度分布が被照明面上で重なり合うことになります。この時の光源からこの重なり会う場所 P への光線の射出角度 θ は $\tan\theta=d/(2L)=40/100$ から求められ、この場合 $\theta=21.8$ 度となります。ここで、この角度に従って図 9-7 の光度データに照らし合わせますと、中心方向に対して 77 ％程度の強さの光度 I が出ていることがわかります。像平

181

第9章 コンピュータによる照明系評価

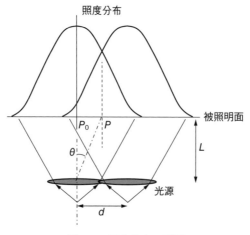

図9-9 照度分布の予測

面上のPにおける単独光源による照度Eは4-3項の通り$\cos^3\theta$に比例しますので、P_0における照度を1とした場合に、$0.77\times0.8=0.616$に暗くなります。ただしPでは少なくとも二つの光源からの影響が重なり合いますので、$0.616\times2=1.23$程度の明るさとなるでしょう。この程度の大雑把な計算でも大体の配置の感覚は掴めます。また発光角度が広ければ、もっと離れた位置にある複数の光源の影響も考慮していく必要も出てきます。そして光源面積が大きな場合、或いは縦横2次元的に光源が並ぶ場合などにおいて計算はどんどん複雑になっていきます。そのような場合には照明計算プログラムによる計算が必要となってきます。光路中にレンズ系、ミラー系、拡散系等が存在する場合には、手計算ではさらに予測は困難なものとなっていきます。

9-4 輝度分布計算

図 9-10、図 9-11 にありますのは図 9-5、図 9-6 と同じ光源配置における、輝度のシミュレーションデータです。ここでの輝度の計算は、被照明面から離れた任意の位置に丁度眼のようにディテクターを置き、そこに、被照明面の微小領域から到達する光線の数をカウントして行われています。発光面積も、その向きの、立体角も、そしてエネルギーもわかるわけですから。

この場合も図によって輝度を測定するディテクターの位置が異なっています。しかし、照度分布の場合と異なり、輝度分布の全体の広がりは変化していても、輝度分布の形状はあまり変化していないことに気づかれると思います。照度というのは照明されるものを照明してその被照明面上の明るさを云々する単位でありましたが、輝度というものは、簡単に言えば、その光源を人間の目で見た時、どのように光って見えるか、ということを表現する単位です。従って多少の距離はなれようとも、人間の目にはLEDが7個光っている様子が相似形に見えるわけです。

仮にこの照明機器を、例えば蛍光灯のような室内照明機器に用いるとすれば、照度が大きなことは（適当に均一であれば）結構なことですが、その光源を見上げたとき大きな輝度の、ほかの場所に比べて極端に明るい七つの発光体が見える

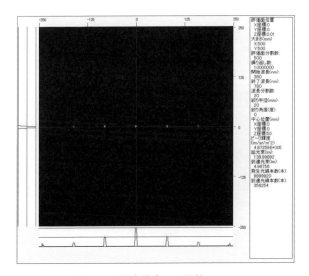

図 9-10　輝度分布1：距離 50 mm

ことは、眩しいことであり、照明光の品位の観点からはあまり喜ばしいことではありません（人間は適当に、明るい輝点を見ると多少、元気が出るという面もあるかもしれませんが）。また光の起点が分離しているので、影も位置関係により分離してしまうことになります。

　画像情報を提供する原稿、スライドとか液晶、DMD 等を照明し、それらを 2 次光源と考えれば、それらが高輝度で発光しているということは十分な明るさを持った画像を人間の目の網膜に、或いは撮像素子にもたらすことになります。しかし、上記のようにムラがあれば大いに照明品位を下げることにもなり得ます。ですから、輝度のコントロールは照明系開発においては非常に重要なことです。

　ただ、これまでお話しした通り、照明系全表面から全方位に放射する光束量を常に追いかける訳にもいきません。情報量が多すぎるのです。ですから、設計評価においても工夫が必要になります。照明系全表面から全方位に放射する光束量を常に追いかける訳にもいきません。照明面に幾つかのサンプルポイントを設定し、輝度測定の位置を固定し（上述のシミュレーションにおけるように）、その方向からだけの輝度を評価する、照明面全体のコントロールは被照明面上の照度分布を測定して行う、等のそれぞれの照明に適した評価法を確立することが必要です。

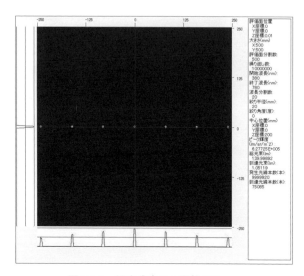

図 9-11　輝度分布 2：距離 200 mm

9-5 拡散シートの効能

ここでの光源について、仮にその照度分布にだけ注目するとして、均一な照度分布が望まれる場合、やはり光源間隔と照明距離 L との関係である程度、分布が調整できるとしても、x 方向、y 方向にある程度の有効な均一エリアを設けようとすると、或いは光源数における制限がある場合などには調整が難しい面もあります。また、輝度分布的に考えれば、LED をばらばらに並べただけでは光源の発光特性や配列、距離による眩しさの調整は困難なものと成ります。そこで、多くの場合、拡散シートと呼ばれるものが利用されます。新しい、高品位な照明器具として LED を扱う場合には、こうした拡散性を齎す機能は必要不可欠な要素であると思われます。読んで字の如くで、光を色々な方向に拡散すればよい訳で、様々な原理によるものが開発されています。主に 1-2 項におけるような、ミー粒子による散乱、あるいは微小な構造による回折、そして反射・屈折などの現象が利用されています。

そして、その際に光エネルギーの利用効率、拡散のコントロール性などにその拡散素材の特徴が反映されてきます。こうした製品の機能（シミュレーションをするための）は市販の照明系評価ソフトに既に組み込まれている場合もあります。

図 9-12 は 9-3 項図 9-8 のデータにおいて光路中（光源から 50 mm の位置）に

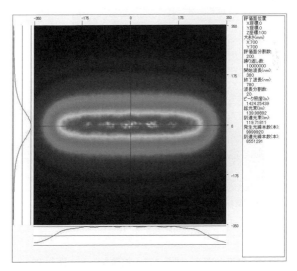

図 9-12　照度分布 3（図 9-8）＋拡散シート：距離 100 mm

第 9 章　コンピュータによる照明系評価

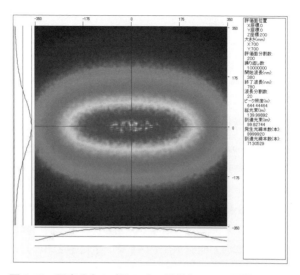

図 9-13　照度分布 2（図 9-6）＋拡散シート：距離 200 mm

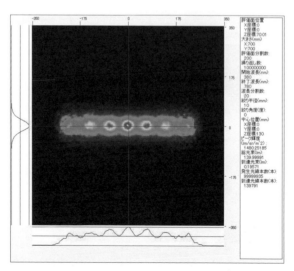

図 9-14　輝度分布 2（図 9-11）＋拡散シート：距離 200 mm
　　　この図では領域は 700×700 mm です。

拡散シート（拡散角度全幅80度の製品）を挿入したものです。残っていた照度ムラもかなり良好に解消されていることがわかります。

図9-13は先ほどの9-3項図9-6と同じ状況で、光源面から70mmのところに拡散シートを挿入したものです。この場合には、元々照度分布はなだらかな山形になっていたので、山が更になだらかに変化した程度の違いしかありません。ピークの照度もそれほど大きく変化している訳ではありません。しかしこの場合の拡散シートの効果は、光源の見え方に表れます。**図9-14**は同様の光学系を9-4項図9-11と同じ位置で測定したときの輝度分布です。拡散シート上で様々な方向に光は振り分けられるので、拡散面上の輝度分布がかなり滑らかになり、輝度集中による眩しさが解消されています。これら計算での、それぞれのピーク輝度は 1.48×10^3 と 6.27×10^5 (lm/str/m^2) で、9-4項図9-11と比べて2桁以上も小さなものになっています。これら二つの図におけるパフォーマンスと前出の照度に関する9-3項図9-6、輝度に関する9-4項図9-11のそれとを比較していただければ、拡散素材の重要性について更にご理解いただけると思います。拡散シートには色むらを抑える機能、或いは回転非対称な拡散特性を持つ製品も存在し、その構造にも特徴があります。光をいろいろな方向にシャッフルすることのできる導光板と並んで、とくに室内照明、表示照明を考える場合には上手く選択し、利用することが肝要な、重要な光学要素です。

こうした拡散機能の定量的な表現については、輝度を測ればよいようにも思われますが、実際には拡散される元の光がどの方向からくるかによっても、拡散状況は変化します。単純な輝度測定ではこと足りません。そこで、入射光束の方向ごとに、任意の方向への反射輝度が得られる、BRDF（bidirectional reflectance distribution function）[3]p.239 と呼ばれる関数が存在します。測定値でもあり、数学的な関数そのものの場合もあります。

〈参考文献〉

1) 牛山善太：シッカリ学べる！「光学設計」の基礎知識（日刊工業新聞社、東京、2017）
2) 牛山善太：波動光学エンジニアリングの基礎（オプトロニクス社、東京、2005）
3) 牛山善太、草川 徹：シミュレーション光学（東海大学出版会、東京、2003）
4) W. T. Welford, R. Winston: High Collection Nonimaging Optics (Academic Press, San Diego, 1989)
5) J. Chaves: Introduction Nonimaging Optics (CRC Press, NW, 2017)
6) W. T. Welford: Aberration Of Optical Systems (Adam Hilger, Bristol, 1986)
7) R. W. Boyd: Radiometry and the Detection of Optical Radiation (John Wiley & Sons, New York, 1983)
8) R. K. Luneburg: Mathematical Theory of Optics (Univ. California Press, Berkeley, 1964)
9) M. Born & E. Wolf、草川徹訳：光学の原理、第7版（東海大学出版会、東京、2005）
10) A. Walther: The Ray and Wave Theory of Lenses (Cambridge University Press, Cambridge, 1995)
11) A. Walther: Inverse Source Problems in Optics "Radiometry and Coherence − First−Order Radiometry" (Springer−Verlag, Berlin, 1978)
12) P. Drude: The Theory of Optics (Forgotten Books, 2012, Originally Published 1902)
13) E. Wolf、白井智宏訳：光のコヒーレンスと偏光理論（京都大学学術出版会、京都、2009）
14) 草川 徹：レンズ設計のための波面光学（東海大学出版、東京、1976）
15) 久保謙一：解析力学（裳華房、東京、2001）
16) 桜井邦朋：光と物質（東京教学社、東京、1986）
17) 渋谷眞人：レンズ光学入門（アドコム・メディア、東京、2009）
18) 鈴木達朗：応用光学Ⅰ（朝倉書店、東京、1982）
19) 鶴田匡夫：第6・光の鉛筆（新技術コミュニケーションズ、東京、2003）
20) 早水良定：光機器の光学Ⅰ、Ⅱ（日本オプトメカトロニクス協会、東京、1988、1989）
21) 原島鮮：熱力学・統計力学（培風館、東京、1978）
22) 松居吉哉：レンズ設計法（共立出版、東京、1972）

著者紹介

牛山善太（うしやま　ぜんた）

株式会社タイコ代表取締役社長　博士（工学）東京理科大学
1957年東京生まれ。東京理科大学理学部物理学科卒業。株式会社トキナー光学にて一眼レフカメラ用ズームレンズの光学設計に従事。太陽光学株式会社を経て1991年に株式会社タイコ設立。光学設計、開発、製作、コンサルティング、ソフトウェア開発を主な業務とする。顕微鏡、内視鏡、半導体検査装置・露光装置用光学系、プラネタリュウム投影系、ホログラム記録・読み取り用光学系からLED照明光学系、医療用無影灯、TVスタジオ照明系に至るまで多様な光学系を開発。光学設計ソフトウェアに関する旧Kidger社（英）、OPTIS社（仏）、LightTrans社（独）の技術アドバイザーを務める。2006—2010年、東海大学工学部光・画像光学科（レンズ設計）非常勤講師。

シッカリ学べる！
照明系・投光系光学設計の基礎知識　NDC 425

2018年12月26日　初版1刷発行

定価はカバーに表示してあります

Ⓒ　著　者　　牛山　善太
　　発行者　　井水　治博
　　発行所　　日刊工業新聞社
　　　　　　　〒103-8548
　　　　　　　東京都中央区日本橋小網町14-1
　　電　話　　書籍編集部　03（5644）7490
　　　　　　　販売・管理部　03（5644）7410
　　FAX　　03（5644）7400
　　振替口座　00190-2-186076
　　URL　　http://pub.nikkan.co.jp/
　　e-mail　info@media.nikkan.co.jp
　　印刷・製本　美研プリンティング㈱

落丁・乱丁本はお取り替えいたします。　　2018 Printied in Japan
ISBN 978-4-526-07908-5　C3054

本書の無断複写は、著作権法上での例外を除き、禁じられています。